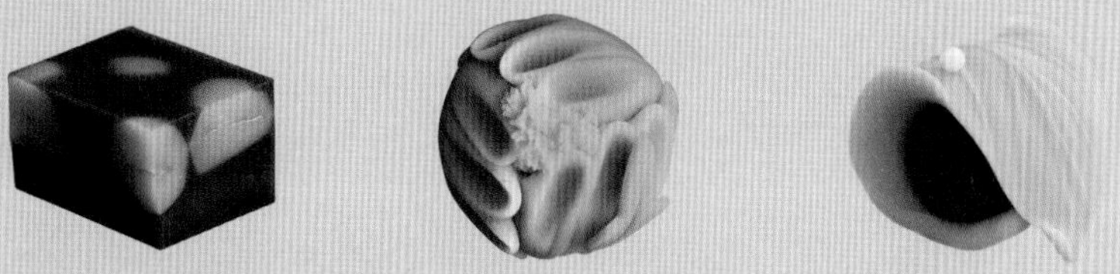

WAGASHI

和菓子之心

三日月茶空間的上生菓子與茶菓子技藝美學

楊裕明——著

目錄

第一章 認識和菓子

關於和菓子……14
淺淡和菓子類別……20
我的和菓子之心……26
和菓子的食材介紹……30
和菓子的工具介紹……44

第二章 和菓子製作基礎

炒紅豆餡……58
製作練切……70
關於染色及配色……74
練切染色……80

第三章
上生菓子 技法及變化

塑型手製與工具……82
紫陽花——金團……88
新綠——捲軸式……96
牡丹——花苞……106
花火——花瓣……116
菊——菊紋……124
金魚——針箸……134
麻雀——茶巾絞……144
蜜柑——擬真……154
剪菊——上段式……166
剪菊——下段式……176
外郎——枇杷……182

第四章 其他類和菓子技法

紅葉──琥珀糖……196
櫻吹雪──寒冰……204
昇鯉──錦玉羹……210
栗羊羹……220
水無月……226
清流──上南羹……234
鹿子餅……242
紫陽花──錦玉羹……248
草餅……258
櫻餅……270
牡丹餅……276
豆大福……282
花瓣餅……288
織布饅頭──上用饅頭……302

酒饅頭 …… 312
黃身時雨 …… 320
金鍔燒 …… 328
雲平 …… 338

作者序

歡迎來到我的和菓子世界

人生就是這麼一回事，當你付出努力想往某個目標前進，但通常事與願違，路上總是會遇見許多料想不到的挫折，就算不放棄，打算勇敢繼續前進，事實會證明：你永遠到達不了那個地方。

但，這就是結局了嗎？不！並不是！

只要你夠努力、盡了力，就算到不了那個目標，卻會被開啟其他道路，而這條路，可能是比當初設定的目標更遠大的康莊大道。

和菓子之所以令我著迷，除了美麗外觀符合我注重外表的設計師庸俗個性，和菓子與日本人的飲食文化緊密連結的深奧之處，才是真正吸引我的原因。每每設計一款新的和菓子，總會喚起我在日本居住的那些回憶，濕冷的雪景、炎夏的涼風輕拂過我的臉……。一開始，用和菓子喚醒旅日的記憶，現在卻以和菓子來表達我對季節轉換的感受、對生命的感受，因為製作和菓子，我的每一年、每個月、每一天都變得有層次，活著真好！

剛接觸的和菓子的人，通常是被它那繽紛多變的外表所吸引，但是和菓子真正迷人的是，設計者在小小方圓之內所要傳遞的文化涵養，這也就是精神層面提升的重要性，提升自我文化素質遠比精湛華麗的技術更加重要。雖然技術的鑽研是一種表達內心的重要手段，但如果沒有文化底蘊的支撐，就算可以表現出絢麗燦爛的外表，也只是墮落至失去靈魂，一味空洞的譁眾取寵而已。

所以，這本書除了分享和菓子的做法，還要分享許多歷史悠遠的經典和菓子，讓跟我一樣喜歡日本文化的朋友，能看見和菓子的多樣化。

本書作者　**三日月茶空間創辦人　楊裕明**

第一章

WHAT'S WAGASHI

認識和菓子

大多數初次接觸和菓子的人，
通常會被美麗的外觀所吸引，
但真正進入和菓子的世界，
才發現和菓子蘊涵的價值，
是自古至今的日本生活飲食美學，
遠遠超過眼前所見的炫麗外表。

關於和菓子

追溯和菓子的源起，起初與遣唐使把茶道、製作糕餅的技術帶入日本有關，到了戰國時期，隨著茶聖千利休把侘寂之美的文化保留下來，與茶道密切相關的和菓子開始蓬勃發展，使得製菓逐漸成為一門工藝和技術，原本在京都和東京（當時稱為江戶）較為常見，運用當時珍貴的糖品來做點心。最初被稱為「菓子」，明治維新之後，日本逐漸吸收西方文化，人們也開始過起西洋節目，飲食慢慢西化，西式甜點流行起來，西點被稱為「洋菓子」。為了區分，傳統日式菓子則改稱為「和菓子（わがし，wagashi）」，不僅蘊含著日本飲食的歷史，也展現出職人工藝的內涵。

日本人創作和菓子的靈感，大多來自於四季時序、大自然之美，以及古詩詞的故事等，職人

觀察每個季節的植物花鳥、景色變幻；又或者為了詮釋節慶喜悅，在一年的開端與尾聲、各個重要節日，以和菓子來表現生活裡的風雅，例如春天賞櫻、夏日花火、秋日紅葉、冬日雪景。透過製作與品嚐和菓子，除了能感受到季節變化的美好，也展現出人們對於大自然恩賜的感謝之情。

一月・花瓣餅：在日本，每年的初釜茶會都會用到花瓣餅，代表一年的開始。這是一款日本傳統的正月和菓子，也是裏千家新年初釜必備的和菓子，將求肥、糖漬牛蒡、味噌餡結合，餅皮還微微透出美麗的粉色。

二月・黃身時雨——下萌：二月之際，春風即將吹拂，雪地裡的芽也逐漸萌發，「下萌」展現

一月 花瓣餅

三月 草餅

五月 柏餅

二月 黃身時雨－下萌

四月 花見糰子

六月 水羊羹

了初春的溶雪下懷藏著生命力的新綠，代表即將迎來的無限春光，我以黃身時雨來表現這樣的景色。

三月・草餅：三月是草木萌發的時期，日本人會取用新鮮艾草做草餅，有點像台灣的草仔粿，具有驅魔避邪之意涵。這款春天季語和菓子以母子草（鼠麴草）混和糯米而成，直到室町時代才改用艾草製作，是代表三月至五月的春季風味。

四月・三色糰子：進入春天的櫻花季節，就會出現三色糰子，這三個顏色有兩個說法，櫻花初開之際是白色的，後來轉為粉色，而櫻樹上的芽是嫩綠色，代表了一棵櫻花樹同時擁有的三個顏色。另一個說法則是，白色代表初春的殘雪、粉色代表櫻花，而綠色則是新芽。

五月・柏餅：在日本，五月是屬於男孩的月份，日本人以柏樹這種喬木來比喻枝葉茂盛，祈求多子多孫。栽種柏木的地區不同，而有不同種類，葉子的香氣也隨之不一樣，一般使用柏木的葉子包成柏餅來享用。

六月・水羊羹：即將進入夏季，此時的和菓子會以清涼感為主題，無論視覺或味覺都有涼爽怡人的感受，例如味道輕盈的水羊羹，有別於秋季的濃郁羊羹滋味。

七月・天川：七月七日是牛郎織女星每一年相見的日子，夏夜裡的銀河繁星也開始閃爍、流動，天川就是指銀河。日本人也有七夕，只是過的是新曆的七夕，但風雅浪漫絲毫未減。

八月・上用饅頭——鮎：從初夏至秋季是香魚的盛產季節，香魚一般生長在湍急的溪流裡，溪流代表著清涼的水，我用上用饅頭來表現這樣的意象。

九月・萩餅：在春分及秋分的前後三天，共七天是日本的彼岸之日，日本人認為彼岸之日是陰陽兩界最接近的時期，會在這個時期祭祖掃墓。日本秋分的彼岸之日會以萩餅為供品，在春分則使用牡丹餅。

十月・栗金團：十月是栗子成熟的季節，將香甜的栗子搗碎，和糖、麥芽糖一起煮，再以茶巾塑形成秋日限定的栗金團。

七月 天川

八月 上用饅頭－鮎

九月 萩餅

十月 栗金團

十一月 亥子餅

十二月 椿餅

十一月・亥子餅：每年的十一月一日，日本人會將茶室中的榻榻米掀起，把夏季練習用的風爐換成冬季的地爐。當地爐開啟的十一月第一個亥子日，便會在茶道練習時食用亥子餅，十二生肖的亥（豬）代表「水」，故食用亥子餅有祈求用火平安的意義。

十二月・椿餅：這是一款古老且傳統的和菓子，源自於平安時代，是貴族觀賞蹴鞠比賽時享用的點心。除了使用特別的道明寺糯米之外，還需要新鮮椿葉，為此，我照顧栽種一整年的椿，在冬季椿花綻放季節之際，取其完整新葉製作椿餅，食用時便可感受到道明寺被沾染上淡淡的椿葉香氣。

淺談和菓子類別

茶道與和菓子之間有著緊密聯繫，與銅鑼燒、大福等「庶民菓子」不同，專為佐茶而生的和菓子被稱為「茶菓子」，外型和口感皆有特定要求，在茶道進行過程中方便食用、入口即化，並與茶相互襯托。

茶師泡茶之前，和菓子會先被端到客人面前，由茶師說：「請享用和菓子。」賓客等待茶師刷抹茶的一分鐘內要吃完和菓子，因此像銅鑼燒、大福這類份量較大、有飽足感的類型和菓子不太合適，因為需要時間食用和吞嚥。茶道中常見的和菓子有三類：

◆干菓子（水分含量10％以下）

常見的干菓子像是「雲平」，使用「寒梅粉」製成，它是一種特殊的熟糯米粉。這種粉類具有延展性，擀平成薄片後壓模成型，時常被拿來製作工藝菓子，有些類似法式拉糖，把糖當成雕塑用的材料。

◆半生菓子（水分含量介於10～30％之間）

常見的半生菓子有「琥珀糖」，製作過程中產生糖化現象，風乾後會形成一層薄脆外殼，中心的口感則近似軟糖。還有廣受大眾喜愛的「羊羹」也屬於半生菓子，若加進栗子，就成了「栗羊羹」。

◆生菓子（水分含量30％以上）

生菓子種類眾多，其中最常見的是以練切製作的「上生菓子（在日文裡，「上」意表高級的，上生菓子就是「上等的生菓子」）」，也包含了口感近似麻糬，但卻入口即化的「外郎」等。「外郎」原料的特性是能呈現半透明狀，很適合用來設計表現有點透明的果肉或果皮。還有流菓子，例如使用寒天製作的「錦玉羹」又更有透度，適合表現水紋、水波或有夏日清涼感的主題。

具有工藝價值和美學的「上生菓子」

上生菓子擁有極高的藝術價值，有幾個特點：

一、作品主題與季節、節氣相關

得留意植物花鳥是否對應當下的季節，比方製作菊花主題的和菓子，通常是九月開始的秋季，而不是在春夏。若想在春天製作手毬主題的和菓子（註），為對應季節，會貼上櫻花花瓣點綴，就不會用秋季的菊花花瓣或紅色楓葉。

註：手毬（てまり）又稱手鞠，起源於中國唐代的蹴鞠，是一種以棉線纏繞而成的傳統玩具，和菓子時常以手毬為設計概念，代表幸福與好運。

二、體現五感藝術

包含用視、聽、嗅、味、觸覺來體會、感受和菓子。分享一個關於聽覺的故事，在茶道傳入日本之初，將軍們會栽培茶師來款待皇親貴族，豐臣秀吉尤其熱愛茶道，常常舉辦茶會展示他的風雅趣味。有一次，在二月梅花盛開的季節，他邀請賓客參加茶會，並在席間端出一款名「鶯餅」的和菓子。賓客們一時之間摸不著頭緒：在梅花盛開的茶會上，是否應該選用梅餅更為適合？

其實，梅花是一年中最早綻放的花，而黃鶯則是寒冬裡最早醒來的鳥兒。聽到黃鶯啼叫，意味著春天即將到來。此時，滿園的梅花正缺少黃鶯的歌聲來點綴，「鶯餅」的出現恰如其分，寓意著春天即將來臨，與當時的景致相得益彰。席間賓客聽到菓名後才恍然大悟，紛紛讚嘆，這正是和菓子的魅力，在茶道中擔負著展現美好意境的使命，我始終期望自己也能創作出如此風雅趣味的作品。

鶯餅。

而味覺的部分，要能烘托抹茶，因為賓客是享用完和菓子再喝茶，故和菓子味道不能蓋過茶味，還要能襯托出抹茶的優點，而不是搶戲的角色。一般來說，和抹茶味道最為協調的食材是紅豆、白鳳豆，製成練切或當成餡料使用，具有淡淡米香的外郎也十分對味。

在視覺方面，大眾對於擬真技法的和菓子特別喜愛。中秋節時，我製作過一款外型是烤香魚的和菓子，但嚐起來是甜的，為視覺和味覺帶來衝擊。我個人更偏好金團這個技法，其中抽象和深遠的涵義是做和菓子時更高階的追求目標。製菓師傅只運用數個色彩配置，將染色後過篩的練切沾覆在紅豆餡上，外型看似簡單，卻能做出千變萬化的設計，也是最經典的和菓子技法，每當品嚐者聽到菓名後，就能想像作品源起的場景故事，並且對此會心一笑。

前文提過，和菓子在茶道中並非主角，因此在食材選用上，不能搶過抹茶的味道，如果希望在風味上做變化，必須做到香氣似有若無，襯著茶香不搶戲。我曾試著讓白豆沙有桂花香，將絲縷香氣藏於白豆沙中，入口後在喉間冒出淡雅花香，又能巧妙地與茶味融合，使其成為恰如其份的配角。

三、純手工塑型而成

上生菓子常用的工具包含茶巾、針箸、篩網、三角棒等，當然也可以自製工具。無論使用雙手或以工具塑形，手速都是重要關鍵，因為練切一旦接觸空氣，便會逐漸風乾而影響口感，練切停留在手中的時間越短越好，唯有不斷練習才能達成。

我的和菓子之心

1990年，我前往日本打工並學習室內設計，在那段日子裡，我偶然被日本的茶具深深吸引，茶具的世界精妙無比，充滿設計細節和美學。後來，我進一步對於日本茶道文化產生濃厚興趣，並開始深入研究。有幸結識了出身於裏千家的茶道老師——井爪弘和，透過他的專業指導，我回到台灣後開設了自己的茶空間，這促使我展開了一段尋找佐茶甜點的旅程，最終被和菓子的魅力所收服。

學習和菓子與茶道實為一體兩面，就像製作花器的職人必須懂得插花，製作茶壺的人必須懂得泡茶一樣，修習茶道並體察其中的「茶之心」，是練習和菓子製作的重要途徑。在茶席裡，除了講究的茶具陳列，你還會看到插花，與花道不同，茶席的花有著隨意自然的風格，

不過於艷麗，與「侘寂（Wabi-sabi）」相呼應。這些花種會隨著四季變化更換，從而產生不同的茶席景象，以對應當下季節的生活環境。例如，在日本的茶席上常看到椿花，這可能來自庭院，經過一年的悉心栽培，再採摘整理，最後成為茶席中的季節元素。

侘寂（Wabi-sabi）是種美學，它代表了內斂、簡潔與灑脫之美，讓我十分嚮往，也將這樣的想法放在我部分作品之中。像是「花一瓣」這款和菓子，不是華麗滿開的櫻花意象，而是訴說櫻花季節流逝時最後一片花瓣落下的身影。這些關於植物或生活的細節，都得透過平日時常仔細觀看，才能逐漸把這份感動帶進和菓子的創作當中。

和菓子的創作靈感從哪來？

因為學習和菓子，我開始種各種植物，在山上種花、種竹子、種樹，也在茶空間的外圍養各種花草，它們都是我創作的靈感來源，也是最好的觀摩對象。即使無法自己栽種植物也無妨，可以到大自然走走，蒐集各方靈感，最重要的是用心觀察，以及多留意生活中的細節，我常說：「任何東西都可以變成和菓子。」當你全新投入和菓子製作時，你所看到的、所觸摸到的，將無不與和菓子緊密相連。

我曾在日本住了五年，看盡了許多四季美景，春夏秋冬各有獨特景致，但住在日本的期間，覺得那都是理所當然。回到台灣後，我開始創作和菓子，腦海中竟突然浮現那些日子裡的景

色，當下驚覺和菓子文化就是日本人對於四季的體驗和感受，這些就是設計靈感的來源。由於日本四季分明，每個季節的變化具有層次，猶如流水般緩緩流動的靜謐變化甚是迷人，每個日常都可以是創作主題。但即便在台灣，你也可以按季節、按月，甚至按天來創作，一年三百六十五天不會都是一樣的日子，每天睜開眼經過的地方，無論是路旁的一棵小樹苗、一朵小花的長成、每天發生的事情都能化為掌中作品。

花一瓣。

我認為，和菓子的技法是製菓師傅的工具，如同畫畫需要時常磨練，而和菓子文化是思維，生活則是你的主題，如何藉由和菓子表現你的內心和自己感受到的故事，使其言之有物，就是憑藉每天的觀察而來，才能展現出最自然的姿態，賦予作品最重要的靈魂，最後還要兼具可口，做出會讓人想要好好享用的食物。

和菓子的食材介紹

長糯米

長糯米形狀較為細長，烹煮後不會過軟，能拿來捏飯團，做和菓子時，則常會和圓糯米、梗米混合，做成「牡丹餅」。

圓糯米

外型較為圓短的圓糯米，可製作湯圓、麻糬，烹煮後較易糊化。

梗米

梗米就是我們平常吃的米種之一，具有優異的吸水性，烹煮後粒粒分明、米香明顯。

白鳳豆

白鳳豆又名腎豆、白雲豆，炒製後即為白豆沙，以此延伸製作其他餡料口味。也可以拿來製作和菓子的外皮，一般會加入白玉粉，以增加白豆沙的延展性。

砂糖

砂糖除了是甜味來源，還具有保濕特性，使和菓子柔軟滋潤；還能輔助黏著，幫助不同材料結合，從而塑造出理想的質地和形狀。

上白糖

由砂糖提煉而成的上白糖，添加了5%的甜菜根糖，口感較溫潤、層次豐富。上白糖能使練切團本體色澤較白，藉此更好地凸顯出天然色素的顏色。

糖粉

在日本被稱為「粉糖」，多應用於干菓子製作。以製作雲平為例，用糖粉揉製能帶來細膩化口的質地。此外，也可用於局部點綴，我設計「烤香魚」這款和菓子時，就以糖粉來模擬鹽粒效果。

黑糖

黑糖有種獨特風味，一般常煮成糖漿，例如做黑糖葛切。黑糖還具有染色功能，製作花瓣餅時，會煮黑糖漿浸泡牛蒡條，以呈現黑亮色澤。

水麥芽

又稱水飴，由玉米澱粉提煉而成，透明度佳，主要增加食材黏性、保水性。

ZR寒天粉

日本伊納寒天公司的產品，接近天然系寒天之效果，完成品的口感質地偏脆，具有支撐力，冷藏後會呈現霧白色，適合製作羊羹、琥珀糖、寒冰。

寒天ＰＧ10

寒天ＰＧ10口感軟Ｑ，近似吉利丁，有透明度。若搭配ＺＲ粉寒天依比例調和使用，可以製作錦玉羹，結合兩款寒天各自的優點。

寒梅粉

寒梅粉為糯米蒸熟後磨成的粉類，帶有特殊的天然米香，常見於製作干菓子，例如雲平。製作時會將寒梅粉和糖充分揉合，擀平後再壓模。

白玉粉

白玉粉為一種糯米粉，主要製作大福、外郎、練切等，其特性讓白豆沙具有延展性和黏著度。和傳統糯米粉相比，口感較為軟糯，通常搭配其他米穀粉調配使用，做成Ｑ彈化口的外郎。

糯米粉

糯米粉為糯米磨製的粉，黏性高，口感柔軟香糯，在和菓子的應用上，大多會搭配其他米穀粉一同使用。

上新粉

使用梗米製作而成，和我們平常吃的米飯同類，很接近蓬來米粉，時常使用在外郎、時雨這類和菓子上。

在來米粉

在台灣，在來米粉一般常拿來做蘿蔔糕，使用於製作和菓子的話，成品比較有支撐力，口感較為Q彈，不是軟糯型的。

葛粉

也稱為葛根粉，由植物（葛）根部所提取的澱粉，最常見是製成和菓子（葛切），混入米類和菓子可增加滑順口感。

上用粉

米粉類食材中比較高級的一種，通常使用在上用饅頭的製作。

薄力粉

薄力粉是日本稱呼，在台灣一般稱為低筋麵粉，是做蛋糕類甜點用的麵粉。

上南粉

上南粉是米穀粉的一種，屬於熟粉。製作上南羹時，只需將上南粉加入煮好的透明錦玉羹中攪拌均勻即可，會改變視覺效果，呈現乳白色，不僅有米香，更保留了錦玉羹的清爽口感。

玉米粉

也稱為玉米澱粉，萃取自玉米，是製作麵包常見的粉類，在和菓子領域中則用來當作手粉。

道明寺粉

把糯米曬乾後磨成粉，有大中小顆粒之分，蘊含特殊風味，最常拿來製作成櫻餅、椿餅。雖名為「粉」，但其實是糯米碎顆粒，經過蒸熟、乾燥而成，據說是由道明寺的住持所發明，其特點是利於長久保存。

黃豆粉（黃奈粉）

由黃豆炒製後磨成的細粉，製作草餅、蕨餅或萩餅時，常會裹上黃豆粉，防止沾黏並增加風味。但黃豆粉本身含有油脂，做成和菓子的保存期限較短。

竹炭粉

由竹子燒製而成，食用等級的竹炭粉含有微量元素，在和菓子中是很好的天然黑色色素。

艾草粉

艾草曬乾後磨成的粉，為食用級，在日本是專做草餅使用。我做草餅時，習慣加一點艾草粉，如此草餅成品的表皮會有一點一點的小斑紋，比較特殊。

鹽

　　鹽在和菓子的世界中，是種「隱味」，能收斂及平衡和菓子的甜味，用量僅需極少許，亦可壓抑豆腥味。不僅常見於餡料中，少數和菓子的外皮製作時也會加鹽。

紅豆

　　紅豆在日本文化中有驅邪避疫之意，普遍應用在和菓子的製作中，例如紅豆羊羹、鹿子餅、水無月等，或製作成紅豆餡使用。新手可購買市售日式的無油紅豆餡使用。

栗子

　　栗子為日本秋季旬味的重點食材之一，可與紅豆一同做成羊羹，或獨立做成栗子羊羹、栗子大福等。

丸大豆（赤豌豆）

產於日本北海道，外型類似豌豆，帶有紅色的琥珀色澤，是製作豆大福、餡蜜必備食材。

核桃

在書中是用於「麻雀」這個茶巾絞技法的作品上，壓碎後使用。

黑芝麻粒

完整的黑芝麻粒除了增加某些和菓子的香氣、口感外，也時常用於裝飾動物造型的眼睛。

食用金箔

以純金提煉出食用等級的金箔，能為和菓子的裝飾提升高級感，也時常代表陽光、星辰的意涵。

植物性食用色素

和菓子的食用色素相當多元，本書採用的食用色素皆以天然植物做萃取，例如梔子花種籽萃取黃色、紅麴提煉紅色等。

白味噌

與白豆沙混合，用以製作味噌餡，最常見使用於花瓣餅製作。

酒粕

清酒釀製過程留下來的殘渣，雖說是殘渣，但營養豐富且酒香濃郁，帶有特殊發酵酒香的酒粕是製作酒饅頭的重要食材。

大和芋

芋在日文中是山藥的意思，大和芋是日本群馬縣的特產，黏性較其他山藥強為其特徵，適合製作上用饅頭。

清酒

日本清酒，以米釀製而成，雖然透明無色，但具有香氣。

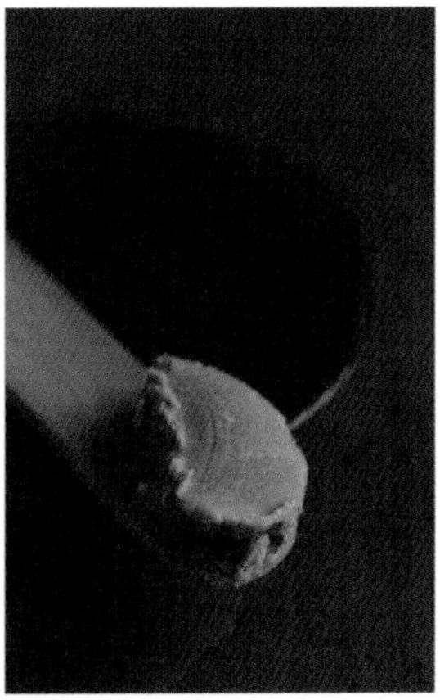

食用油

製作和菓子一般不會用油，但煎金鍔燒時會用到，選用一般的無味道沙拉油即可。

泡打粉

製作麵包所使用的發粉（膨鬆劑），用於時雨、酒饅頭類的和菓子。

和菓子的工具介紹

銅鍋（坊主鍋）、不鏽鋼雪平鍋

直徑30公分的圓底銅鍋，炒製紅豆餡、羊羹、練切時使用。圓底銅鍋受熱平均，炒製練切時較不容易燒焦。直徑18公分左右的雪平鍋適合熬煮白豆沙，顏色比較雪白；銅鍋會釋放銅離子，易使白豆沙顏色偏暗沉。

50目篩網

網目數量為50左右，用以過篩豆沙、練切，使其口感綿密。而小篩網是練切塑形壓製裝飾用的花蕊使用。

一般篩網

網目比較大的篩網，製作上南羹時，可輔助淋醬使用。

金團篩網

此款篩網是在日本販售，網目是方形的，網目的間距比較大，能防止練切黏在一起，如此篩出來的練切就會是漂亮的方形細條狀。

蒸鍋、蒸鍋

蒸鍋直徑須大於蒸籠，一般炒菜鍋即可；若是蒸籠，可使用直徑30公分的雙層不鏽鋼蒸籠。

刮刀、飯匙

材質較硬的抗高溫刮刀適合炒製豆沙、羊羹、練切。木製或竹製飯匙則適合過篩網時壓篩豆沙、練切時使用。

小篩網

可以輔助把調製好的米漿過篩，讓煮出來的成品不會結塊。

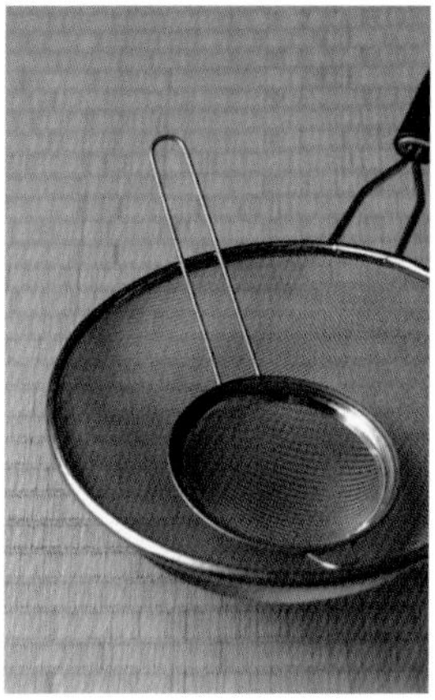

模具

不鏽鋼、銅製金屬模具，用以製作和菓子上的細節裝飾物，例如：花旁邊配上的綠葉。

針箸

在竹筷前端插入細針固定，主要代替細工剪來製作針箸剪菊、金魚飄逸的尾巴。

竹刀

以砂紙將竹片磨製成較銳利如刀刃般的工具，適合表現練切上較為細緻的線條，其線條的粗細效果，可藉由竹刀的銳利程度自由調整。

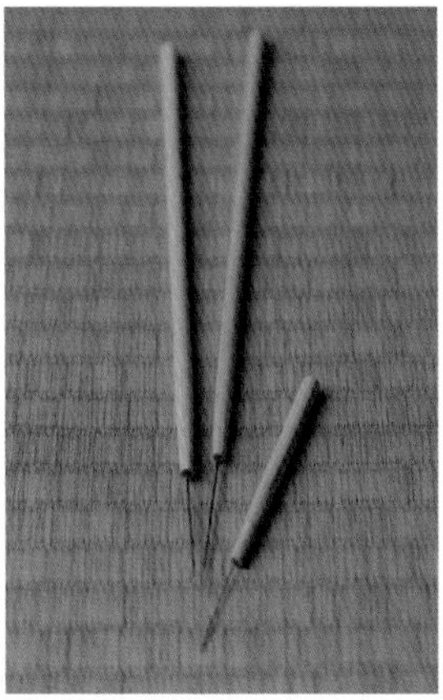

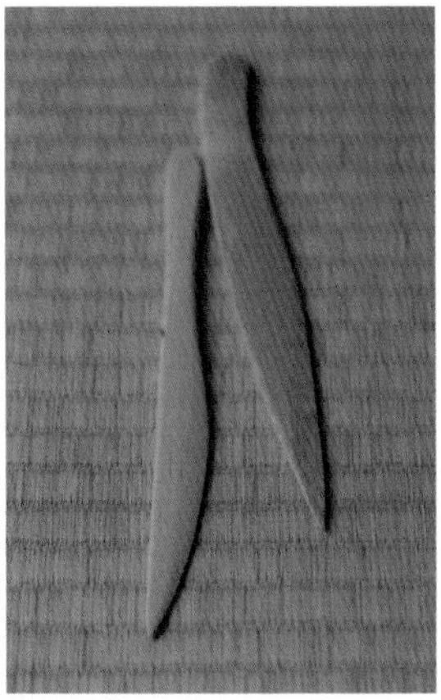

丸棒

練切塑形過程中推花瓣用的工具，花瓣數量越多，丸棒越小支，建議準備多支粗細不同的丸棒，可尋找適合的竹筷加以改製。

三角棒

製作練切時必備工具，可輔助塑形；尖端還有花蕊圖樣。

木砧板

熟食類使用的砧板，建議每次使用後用滾水消毒。砧板材質的穩定性要高，並且無味、無塗料，我習慣用日本松木板。

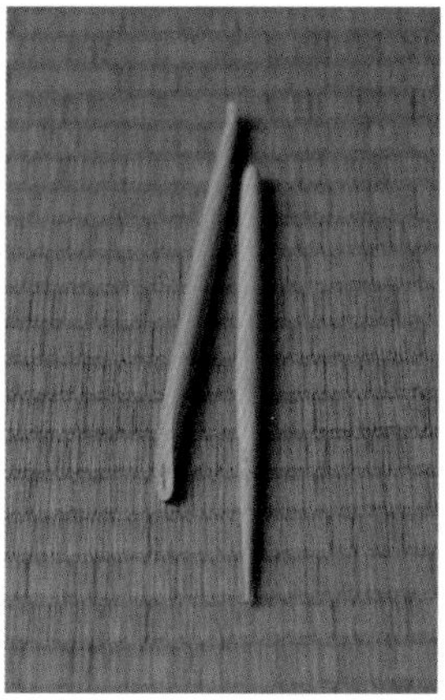

竹刷

由敲碎的細長竹條不規則綁製而成，主要用在練切塑形上製造柑橘類皮紋的質感，或是花瓣的不規則自然紋路。

細工剪

形狀類似裁縫押剪，主要使用在整齊排列大量花瓣的剪菊技術。細工剪有直刃、彎刃兩種，各自用在不同角度的剪菊製作。

不鏽鋼盆

直徑35公分左右，是烘焙用的不鏽鋼攪拌盆，拌合盛裝材料用。熬煮琥珀糖的糖漿亦可使用，避免糖漿因滾燙而溢出鍋外。

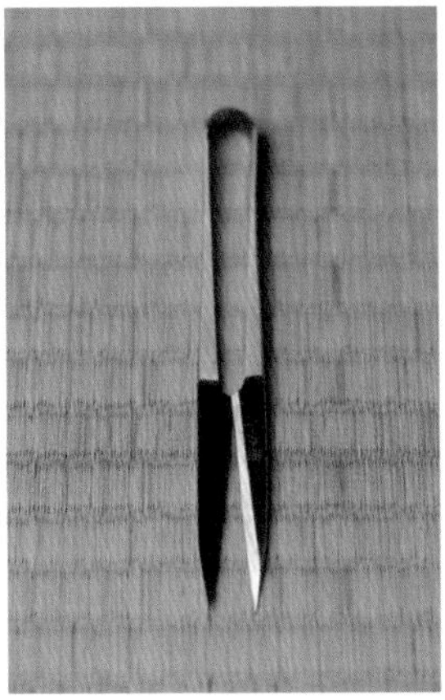

碗

玻璃碗、陶瓷碗皆可，需是耐熱容器。

棉布（茶巾）

適用於30公分蒸籠的白色方形蒸籠布。

豆腐模具（單位為一板）

15公分×18公分的不鏽鋼模具，豆腐模具的構造容易脫模，主要使用於琥珀糖、寒天、羊羹、錦玉羹。

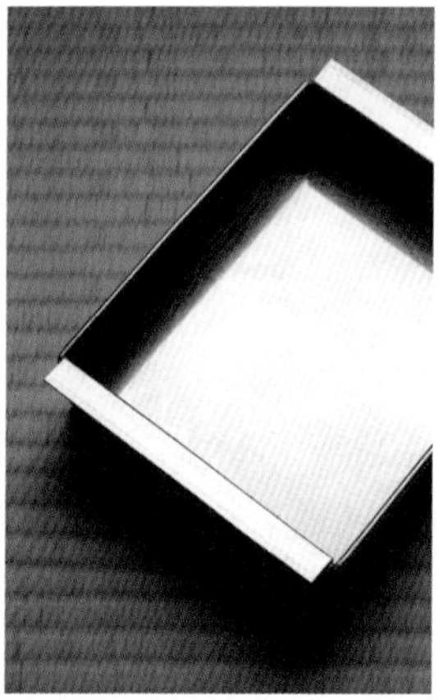

擀麵棍

長度約30公分的擀麵棍即可，材質不限。

電子秤

建議選用可秤至0.1克，計重較為精細的電子秤。

保鮮膜、烘焙紙

保鮮膜能幫助去除琥珀糖表面的氣泡，準備好的豆沙餡或練切也可用保鮮膜覆蓋，以減少空氣接觸。烘焙紙的質地防水、滑順，適合琥珀糖類塑形後，鋪墊在下方等待風乾。

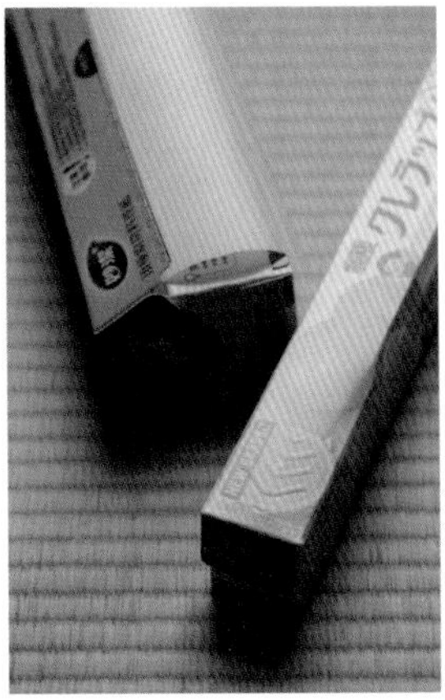

打蛋器

30公分左右的中型打蛋器。

長尺

30公分的不鏽鋼長尺，用以平均分切羊羹、錦玉羹。

煎鍋

在家製作的話，可選用平底不沾鍋，煎製金鍔燒時較不容易沾黏。

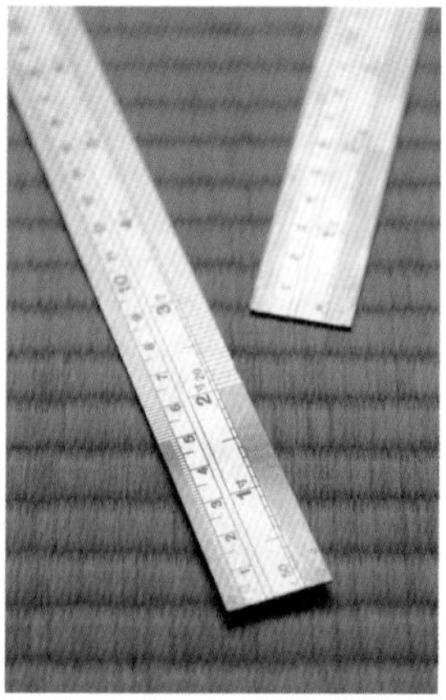

刀具

刀刃20公分以上為佳，切割羊羹、錦玉羹、琥珀糖時使用。刀刃15公分左右則適合琥珀糖細節塑形使用。

不鏽鋼平盤

22公分×15公分左右的不鏽鋼盤，製作羊羹飾片時使用。

磨泥器

不鏽鋼磨泥器用於山藥研磨。

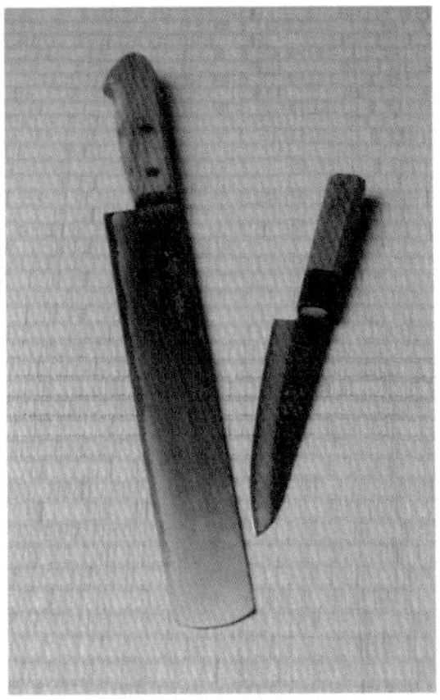

磨缽、磨杵

缽碗內有粗糙的線條刻紋，製作上用饅頭時，會搭配磨杵將山藥研磨至發泡。

燒印

可以印製圖樣，烙印在饅頭類的和菓子表面。

軟毛刷

用來刷掉和菓子表面的粉末，例如製作雲平或花瓣餅時。

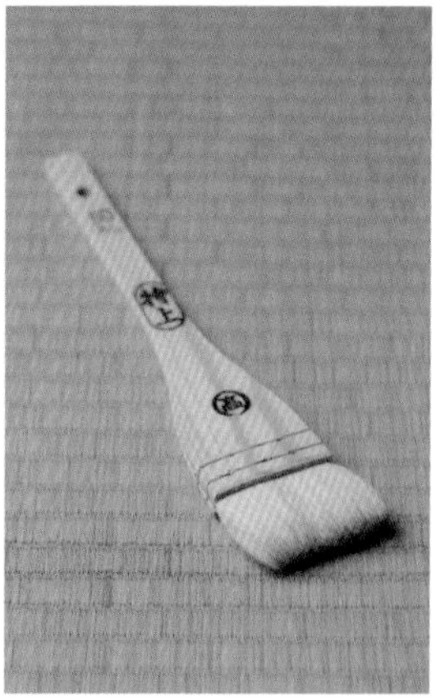

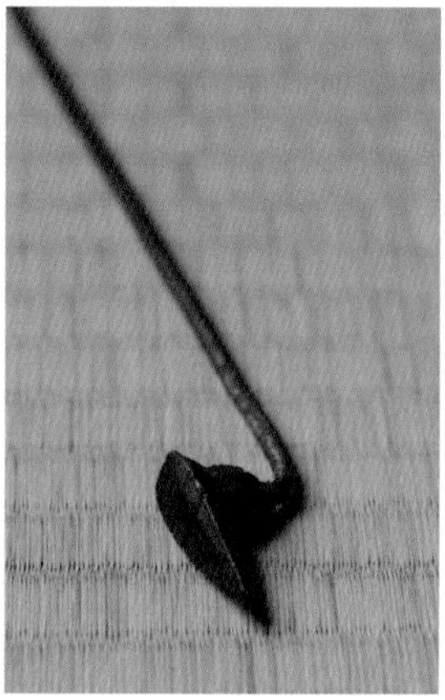

第二章

BASIC KNOWLEDGE OF WAGASHI

和菓子製作基礎

走進和菓子多變的藝術世界前，
先從最基本的煮餡、做練切開始學，
後續再進到塑形、染色、漸層變化等技巧，
這些都是影響和菓子味道的重要關鍵。

炒紅豆餡

◆材料

上白糖⋯150g
紅豆⋯200g
水⋯蓋過紅豆

◆工具

銅鍋
撈網
不鏽鋼盆
棉布
刮刀

◆小知識

紅豆餡一般分為無殼、有殼這兩種型態，無殼紅豆餡過篩後就是無糖版本的紅豆沙餡，帶殼的紅豆沙餡味道比較濃郁，我習慣使用這樣的紅豆餡。紅豆沙餡是奠定和菓子好吃與否的重要基礎，必須口感細膩化口又有香氣，學習把餡炒好是入門的關鍵第一步。

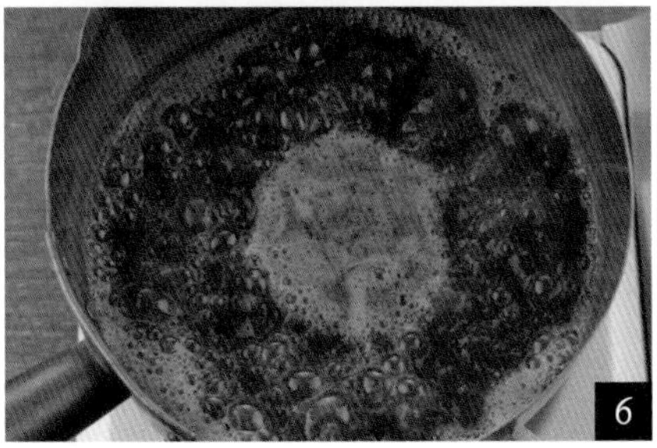

◆做法

1　在銅鍋中倒入紅豆，記得先挑掉瑕疵豆。

2　倒入水，淹過紅豆，水量可稍多一點。

3　轉大火，煮至沸滾後轉中火。

4　關火，此時紅豆外皮會有點皺縮。

5　以上動作稱為「去澀」，湯水呈現紅酒般的顏色後倒掉，再換上乾淨的水續煮，藉此減少豆腥味。

6　倒入清水，煮第二次，沸滾後轉中小火煮10分鐘。

7 觀察紅豆是否已破殼、半熟，轉小火煮30分鐘後關火。

8 靜置沉澱，水和豆沙分離後倒掉上層透明的水，此為第二次去澀。

9 倒入清水，煮第三次。

10 沸滾後轉中小火，煮20分鐘。

11 觀察紅豆是否全熟，若都已爆開，就代表全熟。
12 在鋼盆中鋪上棉布（或蒸籠布），倒入煮熟的紅豆過濾。
13 將棉布收口，扭轉擠壓水分。
14 用力往下壓，擠出更多水分。
15 初步完成的紅豆沙狀態。

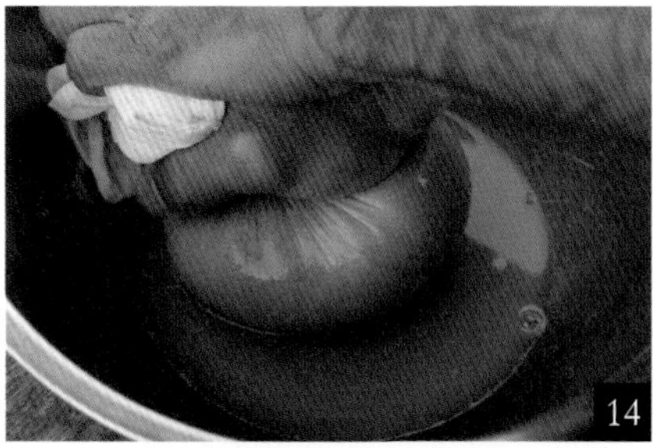
14

11

15

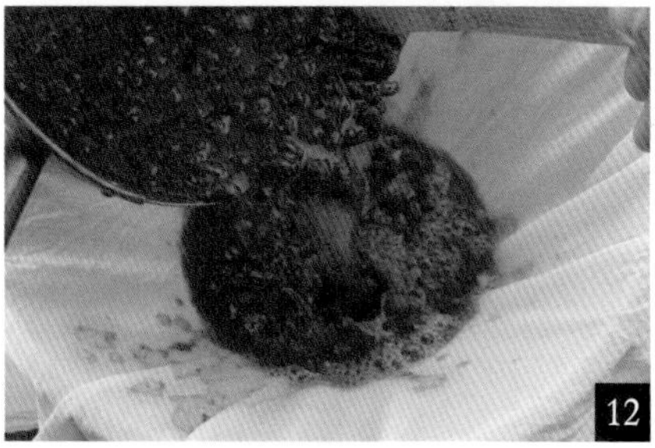
12

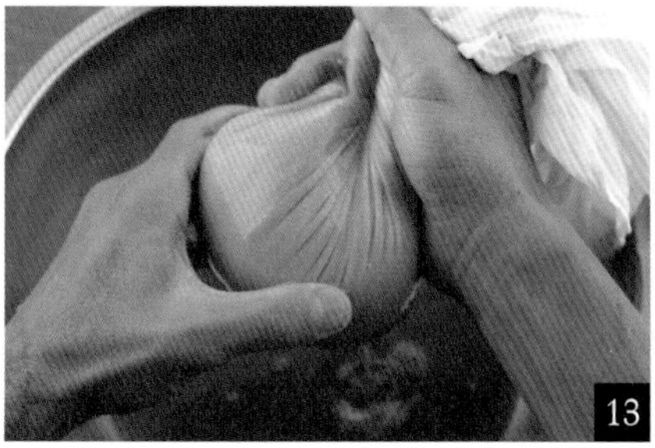
13

16 將去除水分的紅豆沙倒入銅鍋中。

17 倒入上白糖。

18 先把紅豆團先切散，再開火翻炒。

19 為避免焦底，需一直鏟起鍋底、刮鍋面，直到水分收乾為止。

20 完成的紅豆餡狀態。

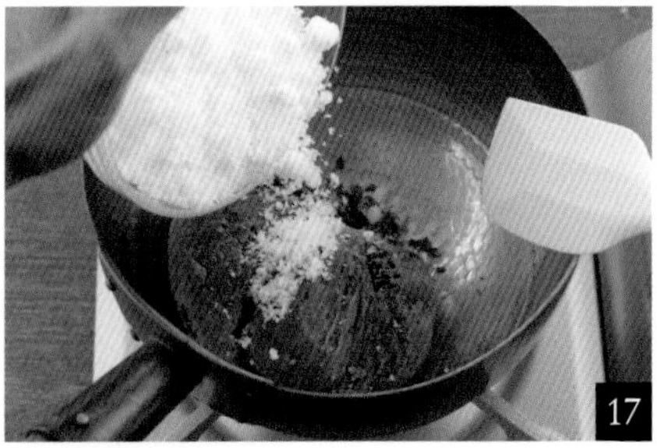

炒白豆沙餡

◆材料

上白糖……150g

白鳳豆……500g

水……蓋過白鳳豆

◆工具

雪平鍋

撈網

棉布

刮刀

◆小技巧

製作練切前，先從炒白豆沙餡開始，從清洗、浸泡、揀選、煮熟至拌炒，每一工序環節都左右著和菓子口感是否細膩、能否化口，不僅步驟多、時間長，更倚賴經驗考驗著製菓師傅的耐心和細心。除了使用於練切，許多和菓子品類也會用到，點綴在紅豆羊羹中的白色櫻花可用白豆沙製作；黃身時雨的外皮也有添加白豆沙。

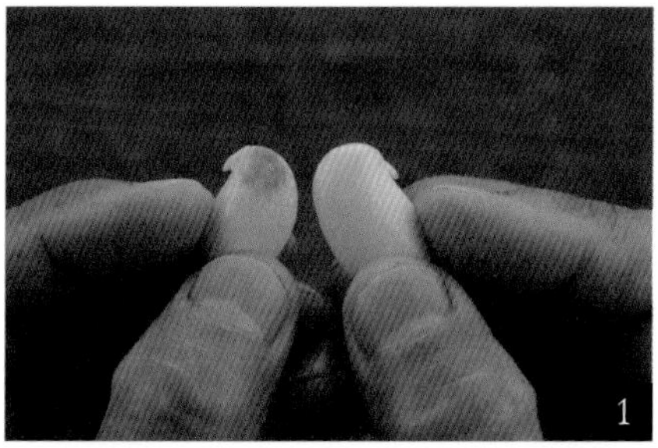

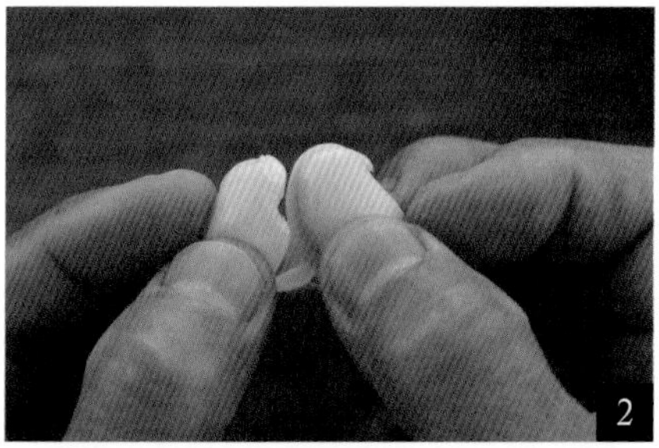

◆做法

1 篩選白鳳豆，去除有瑕疵（變色、蟲蛀）的豆子。

2 洗豆時先篩選，泡水一個晚上後剝殼，再篩選一次，接著去皮。

3 將白鳳豆倒入鍋中。

4 倒入水，先轉大火煮至沸滾後轉中火。

5 用小篩網撈掉浮沫。

6 轉中小火煮十五分鐘。

7 靜置沉澱，等待豆子和水分層。

8 將上層的水倒掉，換成乾淨的水。

9 煮至沸滾後轉中小火，豆子呈現粉碎狀態。

10 靜置沉澱，等待豆子和水分層。

11 以上的去澀方式重覆兩次至三次，必須直到水的顏色變清澈為止。

12 在鋼盆裡鋪好棉布（或蒸籠布），將盆邊的布固定好。

13 倒入白豆沙。

14 抓取棉麻布的兩個對角。

15 和另外兩個角一同抓緊。

14

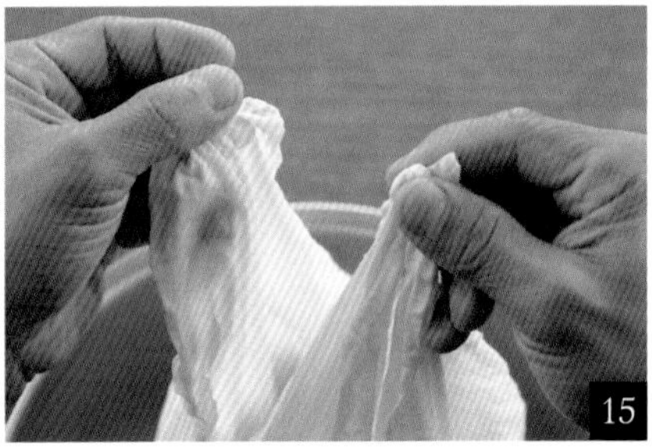
15

11

12

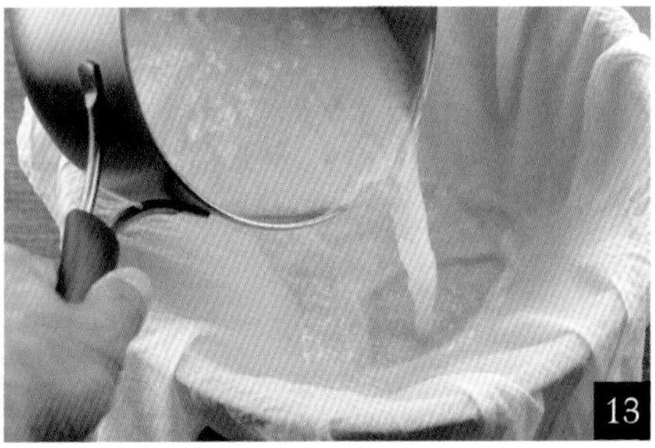
13

16 右手固定好，左手同一方向扭轉，擠出水分。
17 擠的時候，用力往中心推，完全去除水分。
18 初步完成的白豆沙。
19 倒入銅鍋中，準備炒製。
20 倒入上白糖。
21 以中火炒白豆沙。

19

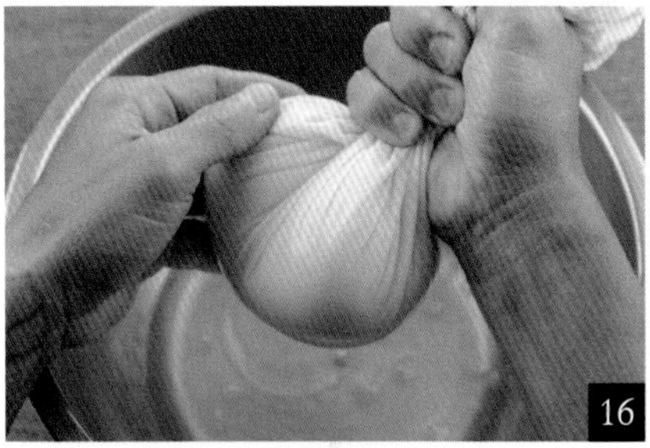
16

20

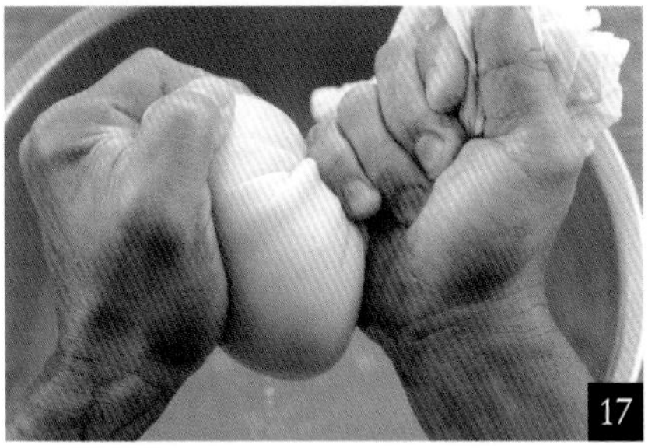
17

21

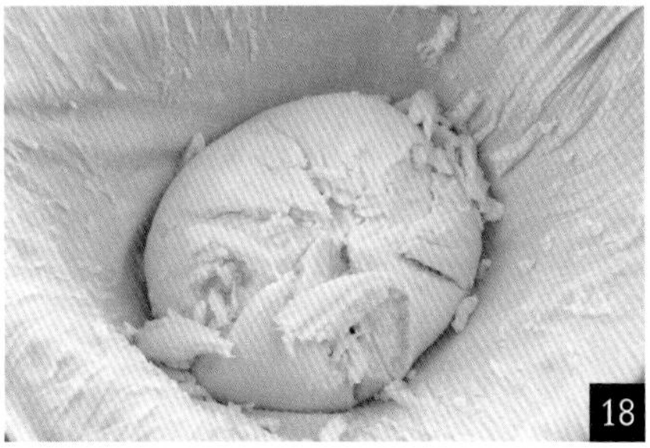
18

22 炒製時，需要不停刮鍋底、鏟入白豆沙底部。
23 以順時針方向刮鍋邊，留意避免炒焦。
24 上述動作要快，但不可間斷，水分會慢慢收乾。
25 將白豆沙炒至成團，此為有顆粒的白豆沙餡。

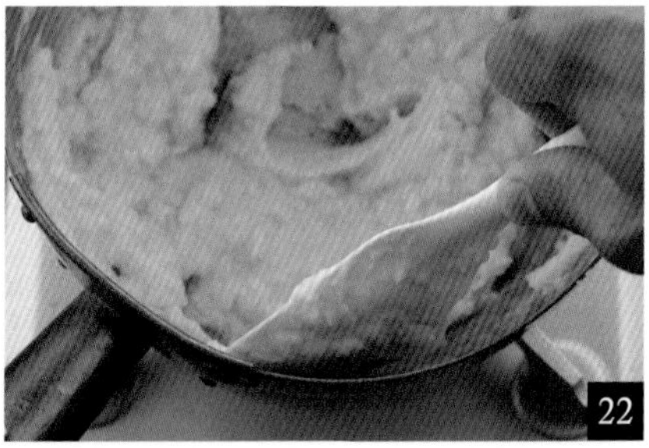

26 準備40～50目篩網，下方墊鋼盆。使用的網目數越多，口感越綿密，但越不容易篩。

27 用飯匙壓按過篩白豆沙，下壓後往外拉，不斷重覆。

28 過篩的白豆沙質地蓬鬆。

29 雙手洗淨擦乾，將白豆沙捏成團，備用。

29

26

27

28

製作練切

◆材料

炒好的白豆沙…500g

白玉粉…17.5g

水…少量（慢慢添加）

◆工具

雪平鍋

撈網

棉布

刮刀

不鏽鋼盆

40～50目篩網

◆小知識

練切為白豆沙與求肥的結合，將白玉粉捏成團，水煮至熟透即成「求肥」，接著拌入白豆沙，使其成為有黏度及延展性的質地，後續進行染色和塑型，隨心創作出多變且精緻的外觀，回應四季與節氣之美，藉由手工化為獨一無二的上生菓子。上生菓子的設計可具象，但更多的是抽象意涵，納入當季花卉或自然元素進行發想，除了體現日本傳統文化的精髓，還有四季變化，乘載了無限的想像空間。

1 接著製作求肥，在碗中倒入白玉粉、水。

2 用食指和拇指捏成團。

3 將其塑形為扁圓狀。

4 準備一鍋滾水，放入粉團。

5 煮至浮起後撈出。

6 準備銅鍋，先放入白豆沙撥散。

7 放入煮熟的求肥。
8 在白豆沙中加入求肥後，會變得比較黏，因此得快炒，搶時間將求肥和白豆沙炒在一起，持續刮鍋底。
9 直到成團，拉開時能呈現富士山般的尖角。
10 雙手洗淨後擦乾，將炒好的練切按壓翻摺。
11 此動作需重覆數次。
12 準備40 ～ 50目篩網，下方墊鋼盆，用飯匙壓按過篩。

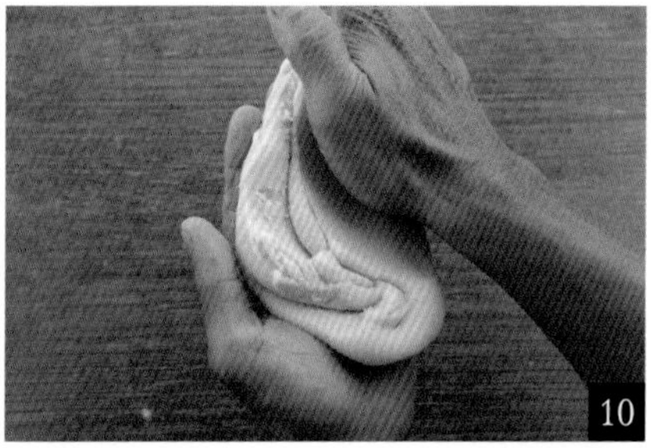
10

7

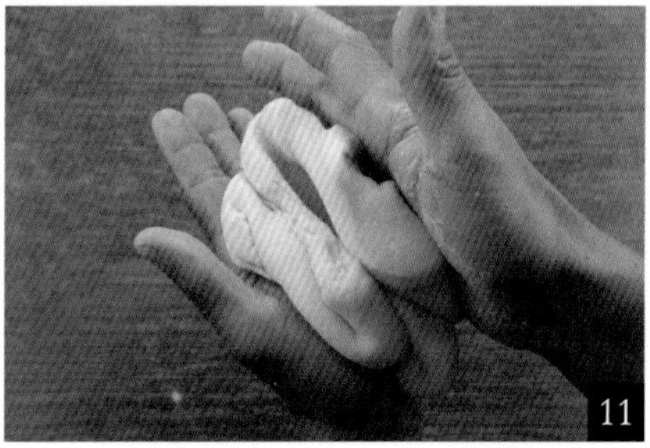
11

8

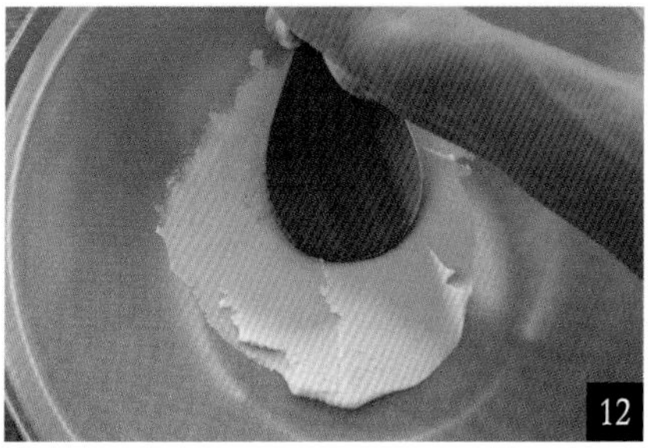
12

9

13 將飯匙下壓後往外拉，此動作需重覆數次，過篩後的練切質地細緻綿密。

14 再次將練切按壓翻摺，分割成數小塊，使其冷卻。

15 上述方式重覆多次至完全冷卻為止。如果溫度是熱的，練切表皮就容易被風乾。

16 完成的練切。

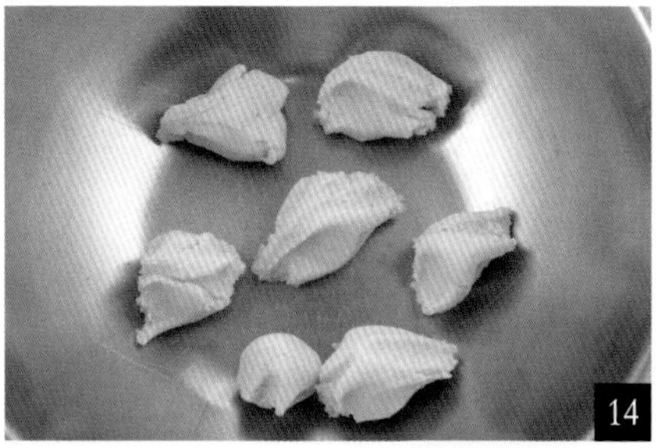
14

13

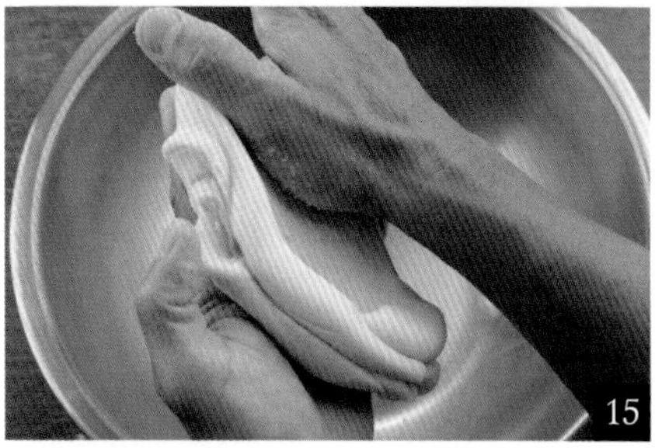
15

13

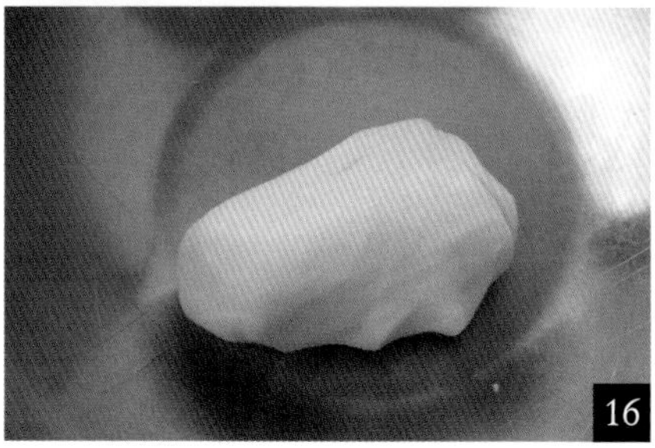
16

14

關於染色及配色

和菓子的染色技術常使用在練切上，是決定作品風格的關鍵點之一。每個人喜愛的色彩不同，習慣的調色方式也不一樣，有一部分是天分，但我認為更需要一雙善於觀察生活周遭的眼睛，你需要親自去看、感受，無論是上市場、種花草、隨手拍下動植物等大自然景象，這些都是積累，從中看到和諧或趣味的配色、色彩漸層的變化是什麼樣的，逐漸內化成為作品的靈感來源。

幫練切染色的過程中，下手不要太重，一點一點的推進就好，從淺色開始調製，再慢慢加深，比較容易調出想要的顏色，這需要無數次的嘗試與實驗。因為製作和菓子不像捏陶、雕塑，可以百分之百貼合實物顏色，而且和菓子是讓人品嚐的食物，需要能引發食慾，故選色、調

色和配色很重要。每次做完一個和菓子時，我都會自問：「我會想吃它嗎？」如果連自己都有所猶豫，那或許就不是最佳狀態，我也會拿給朋友鑑賞、品評，透過他人的雙眼開拓自己的視野，不失為一個好方法。

活用紅黃藍三原色調色變化

和菓子的調色主要在於巧妙運用紅、黃、藍三原色的天然色素，創造出繽紛多樣的視覺饗宴，其中紅色色素尤為廣泛應用。天然的紅色色素主要來源有兩種：紅麴色素和胡蘿蔔色素。紅麴色素提煉的顏色較為濃烈，呈現深血紅色，而胡蘿蔔色素則能帶來較為柔和的淺紅色和粉紅色。

有漸層顏色的琥珀糖。

當這兩種紅色與藍色色素結合時，則能調製出不同風格的紫色。紫色在和菓子的世界象徵著黑夜、浪漫和神秘，使用胡蘿蔔色素調製的紫色，明亮而鮮活，適合製作以紫藍色為主調的和菓子；以紅麴色素調製的紫色，則偏向灰色調，需要謹慎使用，例如「烤香魚」這個作品，魚鱗上呈現的暗灰感，就是使用紅麴色素調和

用紅麴色素調和出灰色調魚鱗的烤香魚。

出來的效果。如果希望顯色效果佳，那麼紅麴的紅就很適合，能與黃色調合成橘色，例如琥珀糖「紅葉」或是外郎「枇杷」的橘色，都屬於顏色比較濃郁的類型。

白色是襯脫顏色的要角

和菓子看似繽紛多彩，但在眾中色彩之中，我反倒覺得「白色」是很重要的角色，留白美學是一種讓色彩更有質感、讓作品更生動的手法。我習慣使用天然色素，因此作品沒辦法像化學色素那般「明亮搶眼」，因此需要多一些留白的心思。

以練切來說，就可仰賴白色創造出漸層或餘白的細節，藉此體現出上生菓子的細緻度，比方做一朵花，乍看是紅色，其實有深紅、紅、粉紅及白色蘊藏其中，這都得加入白色才能完成。

以白色為基礎，融合其他多種顏色，做出漸層或是留白的樣貌。例如「花火」，將白色練切染出數個顏色後組合在一起，使用丸棒輕輕推成長短不一的形狀，描繪出夏日煙火絢爛四射的景象；每年立夏之際製作的「花菖蒲」，則形塑出白色過渡到紫藍色的漸層，再加上一抹黃色蕊心的撞色，若是少了漸層感，顏色就會單一而生硬。

除了上生菓子，製作其他類菓子也是相同道理，比方上用饅頭「朝顏（牽牛花）」這個作品，使用一抹粉紅色、一抹綠色落在嫩白光滑的饅頭表面，入鍋蒸熟後，在顏色上壓烙牽牛花圖樣，白色的饅頭主體讓顏色更為出挑。還有琥珀糖時，每次製作時，我一定會刻意預留一些不染色的部分，半透明感的琥珀糖在糖化且冷卻後會顯出細微的白色，這反而襯脫紅色，看起來會更為飽和。

白色的用法實在多元，從調色、漸層到襯底，端看製菓者本身的觀察力、想詮釋作品的樣子，以及對於顏色的掌握度和巧思。

淺色的運用，較能引起食慾

方才提過，過於單一的濃重色彩容易顯得生硬，此外也與食慾有關。我曾受邀為一家日本咖啡品牌在台灣舉辦活動製作和菓子，主題是瓜地馬拉的國鳥——魁札爾鳥（Quetzal）。

朝顏。

花火。

花菖蒲。

這隻國鳥的最大特色是，全身有著迷人的綠色和紅色羽毛，但不能如實地做成大綠大紅的菓子，那會直接影響到視覺和食慾，如何適切地展現綠色層次即為關鍵，因為對我來說，和菓子不是只看卻不能吃的藝術品，從眼到口都能滿足，才是完整的享受。

練切染色

◆材料

白色練切

食用色素

◆工具

棉布（擰掉水分）

砧板

◆小技巧

幫練切染色時，千萬不能心急，一下子滴太多食用色素會不好掌控顏色。食用色素是非常濃縮的顏色，建議先滴一兩滴，稍微混色後，確認是否為自己想要的顏色，再逐漸加深，因為一旦顏色過深過重，就不能調淺了，畢竟和菓子是食物，太強烈的顏色通常讓人有距離感，還是要考慮到視覺上的美味與否。

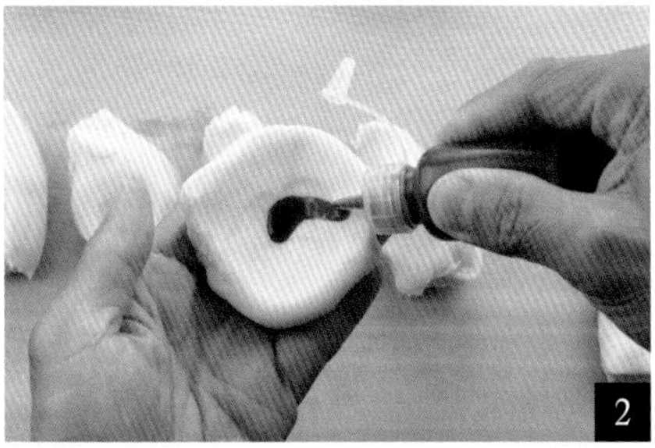

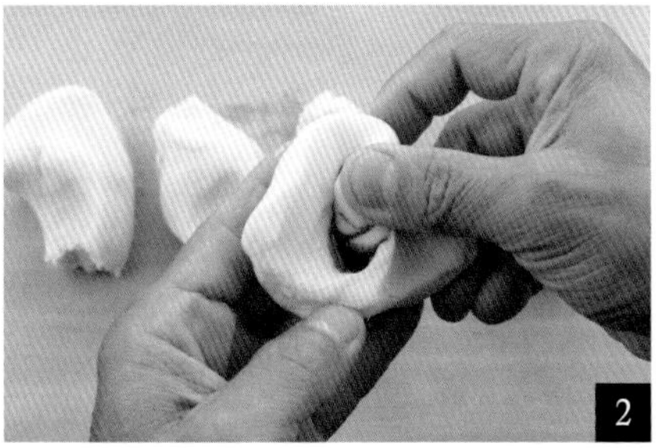

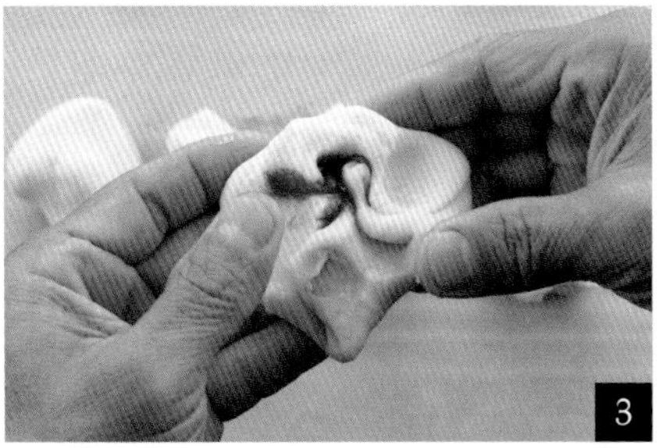

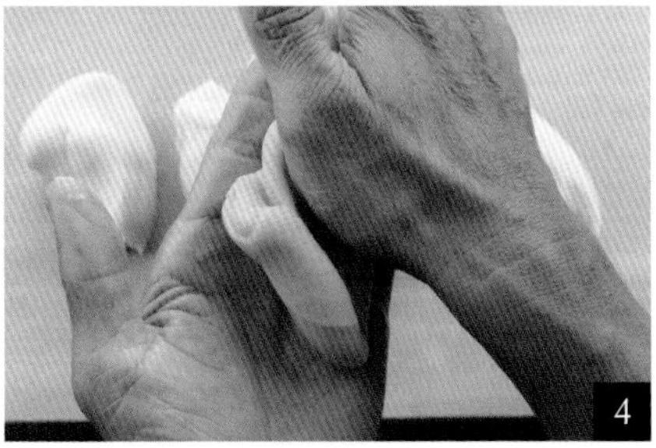

◆做法

1 將練切分成五等份。

2 用掌心和掌根把練切壓成扁圓片，滴一兩滴食用色素。

3 用雙手食指和拇指壓按，使其上色。

4 也可用右手虎口壓按，讓上色更均勻。

5 完成五個有顏色的練切。

塑形手製與工具

製作和菓子力求快速完成，才能合乎美味，換句話說，也就是說手接觸菓子的時間越短，會越好吃。為讓動作行雲流水、沒有多餘的動作，只能靠練習，再練習，我從日本學習和菓子回國後，曾有數年，每天都做一顆和菓子當成自己的作業，為訓練速度、動作流暢，把多餘動作精簡化，從拿起練切的手勢開始，進行塑型，每一個邊與角在掌心與手指之間都得一次到位，並且讓和菓子停留在手中的時間盡可能縮短，製作和菓子時，建議要有意識地集中注意力，專心一意地看著眼前的作品。

接著包餡、搓圓，包餡的擠壓過程中先把顏色暈開，隨後輕柔搓製成圓，此時眼、腦、手彼此交相並用，有別於搓湯圓時兩掌交疊的方式，練切只能搓三下即成圓，如果搓十餘下就太久了，練切團的水分會流失、變乾，使得作品口感不佳。儘管只是搓圓的基本動作，但其實手部每條肌肉同時運作著，眼見不夠圓的邊角，必須秒反應順手輕柔推壓，看似簡單，實則並不容易。

因此，我常說：做和菓子時「心要靜，手要動」，然而這得花費許多個寒暑才能累積練就出一派輕鬆的樣子。對於和菓子有興趣的你，不妨從「每日一菓」開始練習，細細感受靜心時光。

以尖嘴鉗自行將市售模具夾成細緻的形狀，如此做出來的和菓子會更有細節。

和菓子師傅對於工具的講究

每個和菓子師傅都有愛用的工具，我的個人習慣是：改造工具。有時是購入現成工具改造，例如將各種模具、三角棒修整成特殊形狀；或運用生活素材，將筷子、竹子塑型、加工成想要的樣子，如此能更貼近我希望做出來的視覺效果，作品也更加自然。

以模具來說，市售品大多是大量生產，或以半機器或半手工製作的，為讓花草植物的細節更生動，我會用尖嘴鉗慢慢夾模具，塑形成我觀察到的植物形狀。對於一般學習者來說，改工具是比較快的方式，若你想要創作前後未有的作品，也可以買銅片加上鍛敲再焊接，做出專屬於你自己的模具樣式。

若是木製工具，比方以三角棒為例，我習慣買櫻花木材質，然後自己加工，不同的花要用不同的三角棒。像圖中有花蕊的部分，我還會用砂紙把邊緣再磨薄，如此塑形出來的花蕊就更為細緻。砂紙是很好用的小工具，建議買#100和#1000兩種就夠用，以竹刀為例，先用#100把竹刀初步塑形成想要的弧度，我刻意把它磨成直的，另一端則磨銳利一點，接著使用#1000打磨，讓竹刀表面變得細緻光滑，用它來壓葉脈線條會非常漂亮。

還有丸棒，用免洗筷就可以做了，把筷子兩端磨尖或磨圓，能推出不同細緻度的花瓣效果。我還有一把竹刷是自己做的，把竹子敲碎後整理成一把，再固定起來，想要壓出線條或果皮紋路時特別好用。簡言之，選用的工具不在於貴，有時候改造手邊的生活素材反而更理想，只是要加上一些巧思，以及你自己對於作品的想法，這些都是小小的細節，全部加起來，你的作品看起來就會和別人不一樣。

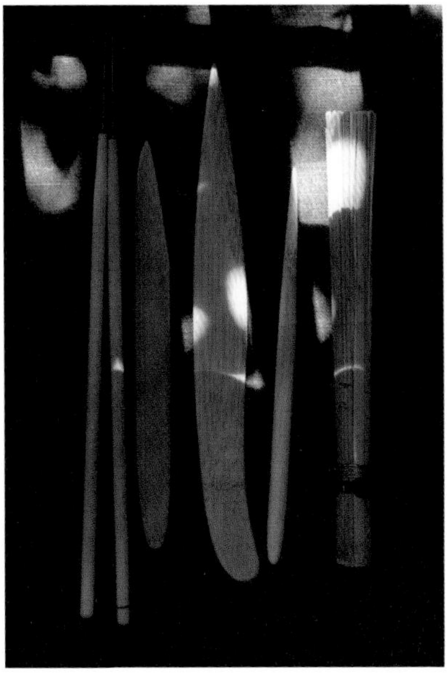

第三章

NAMAGASHI

上生菓子技法及變化

傳統的和菓子製作技術，
代表了日本自古傳承的意境延伸，
溥博如天的飲食文化甚是迷人，
更是一種永無止盡的學習。

和菓子之心

紫陽花——金團

アジサイ

上生菓子

種了一年的紫陽花（台灣稱為繡球花），
終於到了來年的梅雨季節盛放，
仔細觀察會發現有藍、紫、粉紅等顏色，
既各自獨立又交互紛沓，
完美詮釋出季節故事。

金團（亦稱金糰）是製作練切和菓子的經典技術之一。與剪菊相比，金團看似較為簡單，但其難度在於顏色的運用與搭配。這項技術透過抽象意境來述說季節感以及其中的故事，展現日式風雅，因此在茶道經常能看到它的身影，我也對其情有獨鍾。這些無法一眼看穿的和菓子，乍看之下難以理解主題，但知道它的菓名與背後的寓意後，就會讓品嚐者感到欣喜與雀躍，這個過程也是日本茶道進行時很重要的橋段。

金團的變化性極高，在和菓子的世界中獨樹一格，欲製作這類和菓子，必須對於主題本身有深入的了解或感受，長期仔細觀察植物姿態、顏色，讓發想在心裡潛移默化，最後才能完整表達出來，為此，我從悉心栽植紫陽花開始，即進入創作的狀態。我發現，土壤的酸鹼值變化會影響花朵顏色，因此成就花開時的多樣美景，今年如此，那麼隔年會呈現出怎樣的光景呢？這種不可預見的美令人期待，也是創意和菓子魅力之所在，我認為，對於創作主題的投入夠深，做出來的作品才會迷人，進而引起共鳴。

除了「紫陽花」，每到櫻花盛開的季節，我會使用白、淺粉紅、深粉紅這三色創作「櫻滿開」；每到萬象更新的驚蟄前後，則以綠色、白色製作出「驚蟄」，放上一隻蝴蝶，呼應蝴蝶孵化的節氣。如何讓金團的配色好看又不雜亂？我的經驗是只使用同一色系做搭配、延伸，切記選色不要過多，大約四個主色就好，創造出和諧配色，又兼具變化。

驚蟄。

櫻滿開。

以金團的技法如實表現出紫陽花之美。

我栽種紫陽花之後，發現花瓣顏色竟如此有層次變化。

製作

◆材料

【外皮（單個）】
白色練切…適量
藍色練切…適量
桃色練切…適量

【內餡（單個）】
紅豆餡…14g

◆工具

金團專用的方形網孔篩網（日本販售）
筷子
棉布

◆小技巧

紫陽花就是繡球花，以紫色和藍色為主調，搭配純白色練切，使用專門製作金團的方形網孔篩網將練切壓成條狀。每條練切條的顏色深淺不一，有淺藍、淺紫、深紫、深藍和白色，色彩變化源於過篩時的巧勁與手勢控制。若下壓力道過重且集中於單一區塊，顏色容易過於混雜，需要適時調整，以確保整體色彩配置是和諧的。

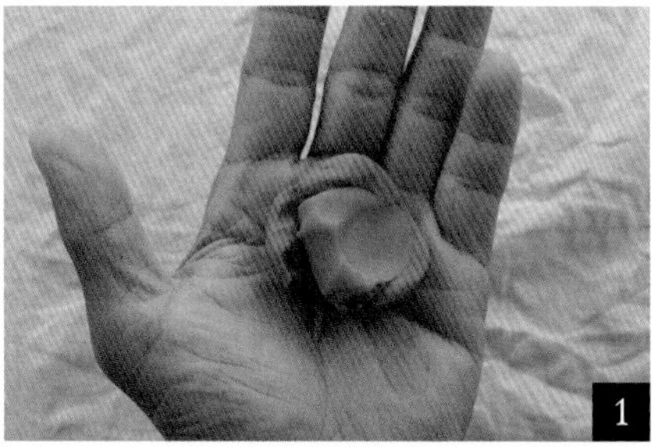

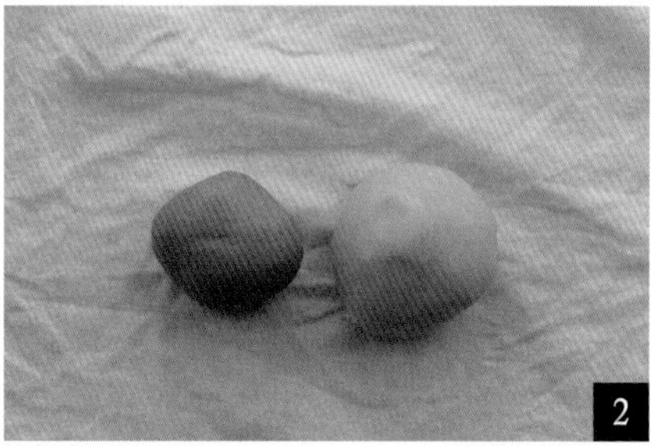

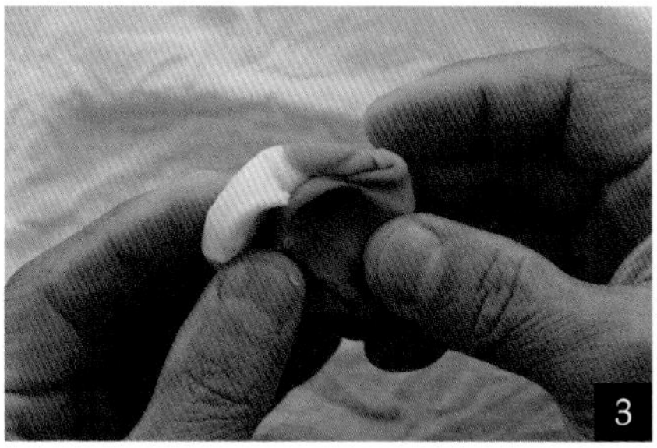

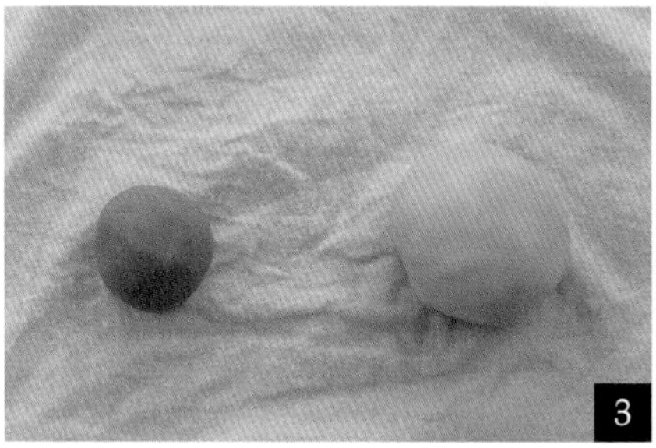

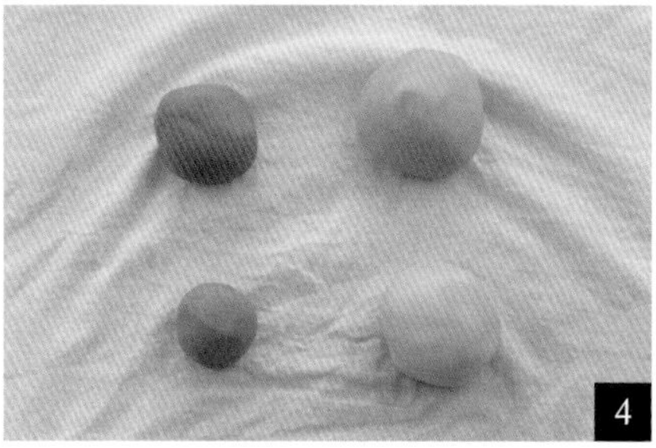

◆做法

1　將藍色、桃色練切混合成深紫色，取一小塊，備用。
2　剩下的和白色練切混合成淺紫色。
3　藍色練切取一小塊，備用；剩下的藍色練切和白色練切混合成淺藍色。
4　完成四個顏色，淺紫、深紫、藍、淺藍。

5 取兩塊白色練切、一塊淺藍、一塊淺紫，搓成圓條狀。
6 組合在一起，右上和右下都放白色練切。
7 再搓一條淺藍（細）、一條深色（細），加上兩條白色練切，放在最外層。
8 用掌心壓扁，每個顏色之間都隔著白色。
9 準備方形網孔篩網，放上練切。
10 用手掌根部（掌根）從中心往外推開。

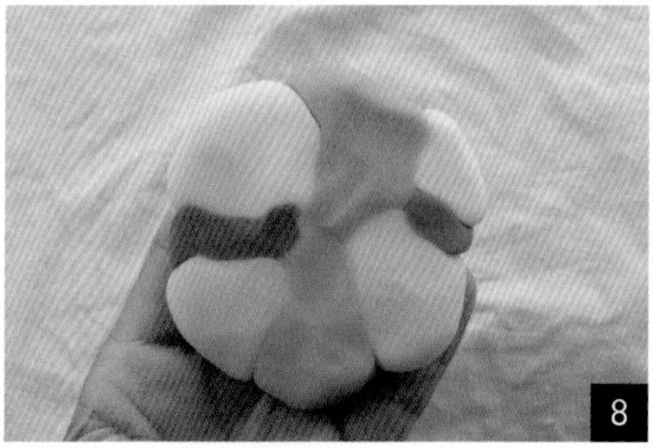
8

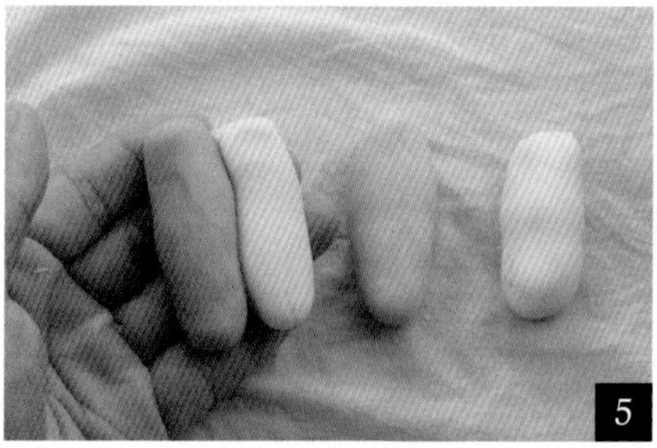
5

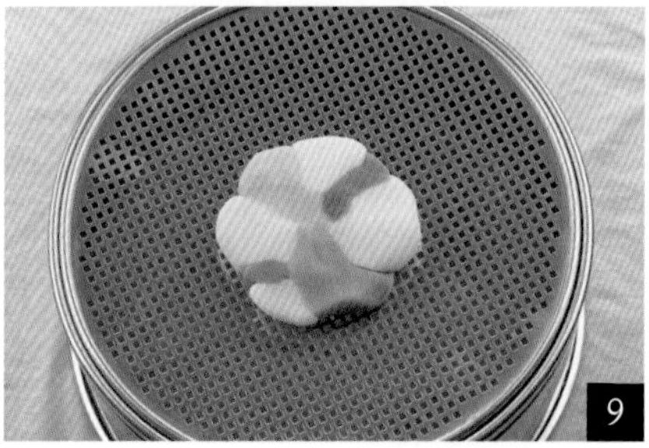
9

6

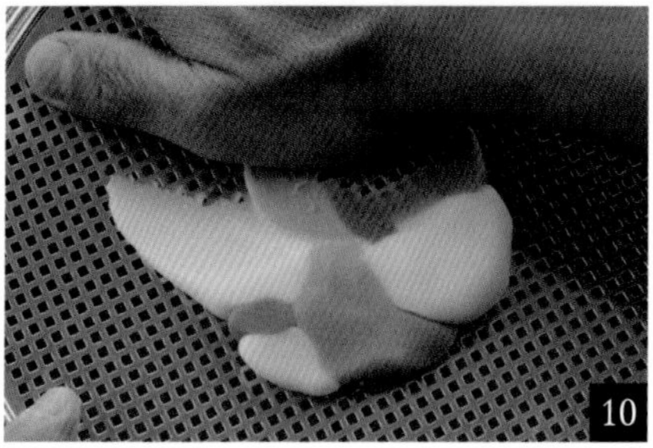
10

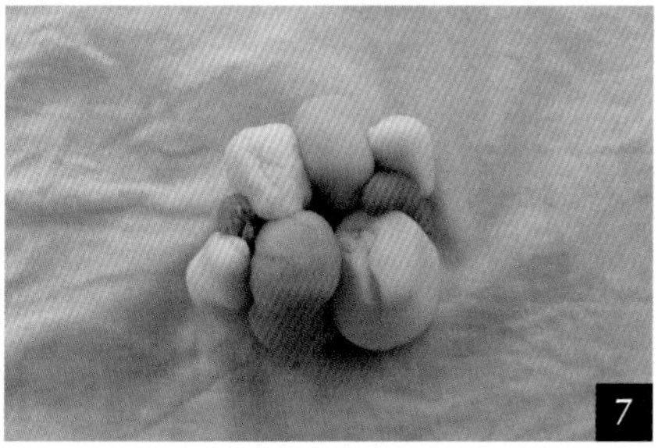
7

11 塑形成短短細條狀。

12 取14g紅豆餡，用筷子夾一些細條，一氣呵成地黏覆貼上。

13 沾覆貼上時，一邊調整想要的配色。

14 塑形成圓球狀，每個成品大約40g。

和菓子之心

新綠——捲軸式

しんりょく

上生菓子

五月是日本春茶採收的季節，
這是植物新芽最鮮美飽滿的階段，
新葉的翠綠是最能代表初夏的顏色，
用捲軸式技法來表現葉片的柔軟感。

立春後的第八十八天夜晚稱為「八十八夜」，此時整個日本迎接初夏到來。各地夜晚的霜害已停止，茶樹的嫩芽逐漸冒出頭來，日本各地相繼進入茶葉採收的季節。在這個時節，以「新綠」這個和菓子呼應來自季節的饋贈再適合不過，展現了和菓子與茶道的深厚聯繫。大自然新生的綠葉在每年四至五月之際最為茂盛，陽光下鮮嫩欲滴的模樣開展出蓬勃的清新氣象。八十八夜的「新綠」是一片新葉的紀實，綠、白漸層的練切質地，在在彰顯出春季的新綠之美。

這個作品使用了捲軸式技法，將練切團壓至扁平狀，以這樣的練切來包覆搓至橢圓形的紅豆沙餡。製作葉片時，需留意讓練切邊緣盡可能輕薄，中心要保有厚度並具備支撐力，才會更接近嫩葉的實際樣貌。

我創作的另一款和菓子「落文」與「新綠」有著相似的意境，其白色小圓球背後隱藏著一個充滿童趣的故事。相傳，每年夏季的草地上，常能看到鳥兒之間往來的「書信」，即綠色的樹葉小捲軸。事實上，這些小捲軸是象鼻蟲在繁殖季節用來保護後代的巧妙裝置，蟲卵被巧妙的包裹其中。而「落文」正是從這個經典日本故事中汲取靈感，再現傳統文化中蘊含的巧思與智慧。

落文。

以捲軸式技法製作的紅葉。

製作

◆材料

【外皮（單個）】

白色練切…4g

綠色練切…21g

【內餡（單個）】

紅豆餡…14g

◆工具

竹刀

棉布（微濕不滴水）

碗（裝水）

砧板

◆小技巧

因為主題是「新綠」，在選色上，葉片得是鮮嫩的綠色；而葉形外觀的部分，中心厚但邊緣偏薄，最後再用手指把葉緣做出稍稍上翹的效果，這樣的塑形方式會讓嫩葉更具生命力。

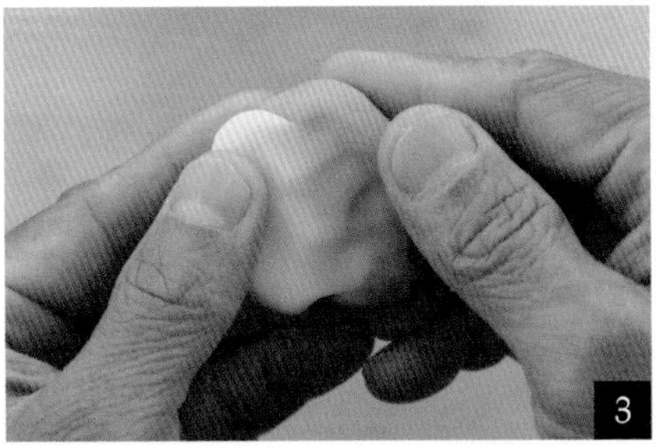

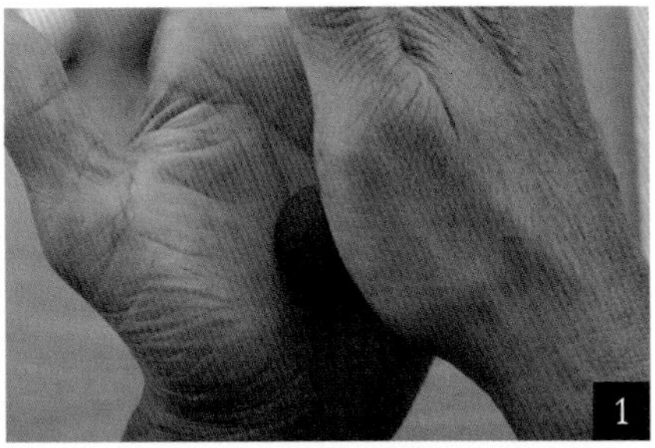

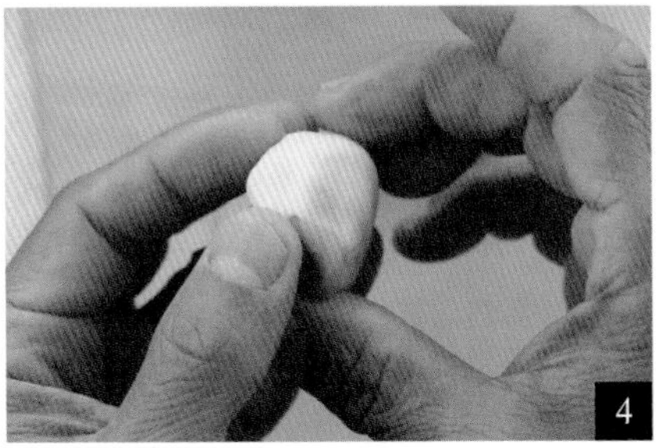

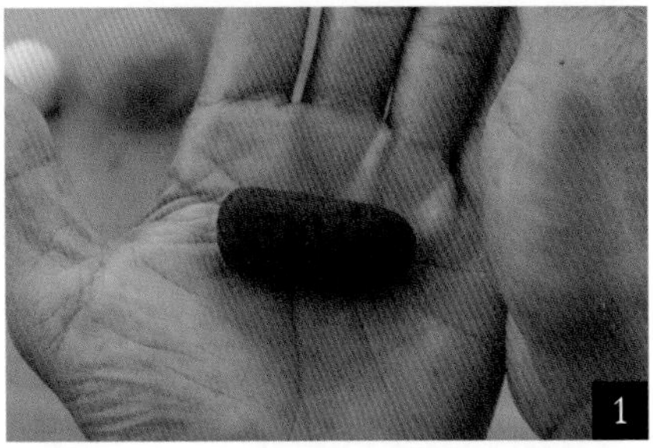

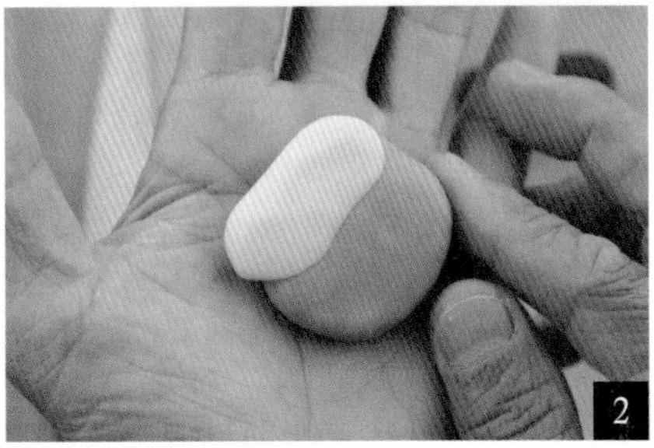

◆**做法**

1 用掌心和虎口把紅豆粒餡搓成圓條，備用。

2 把白色練切和綠色練切疊在一起，白色佔三分之一，綠色為三分之二。

3 用拇指把白色往綠色推，使其暈開為漸層。

4 讓白色練切朝上。

5 用雙手掌心上方把練切搓成長條，頭部保持圓形。
6 搓成上圓下尖的長條。
7 將長條練切壓扁。
8 準備小型木砧板，刷上水。
9 用濕布擦過，讓木板留有水痕，但不能太濕。

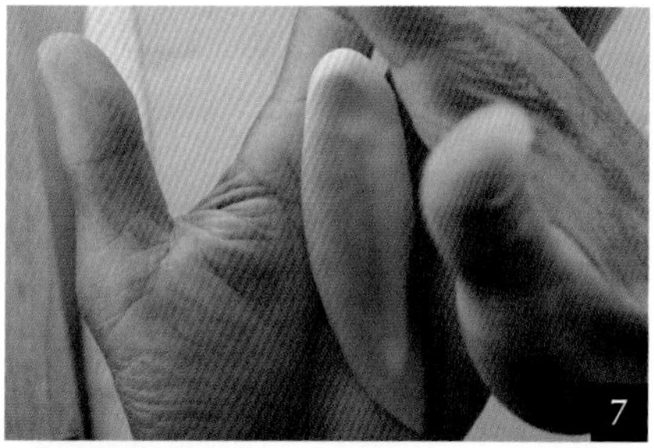

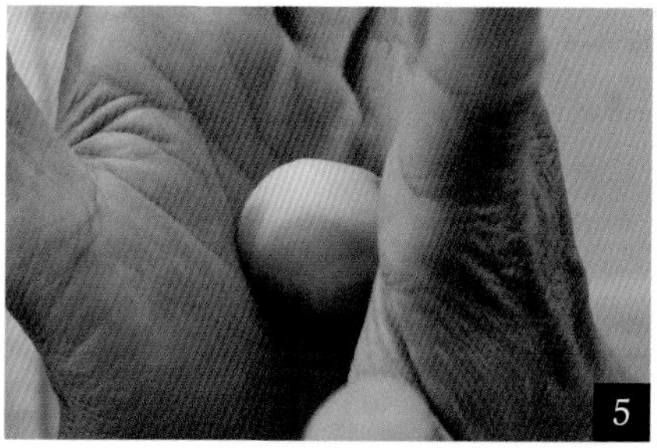

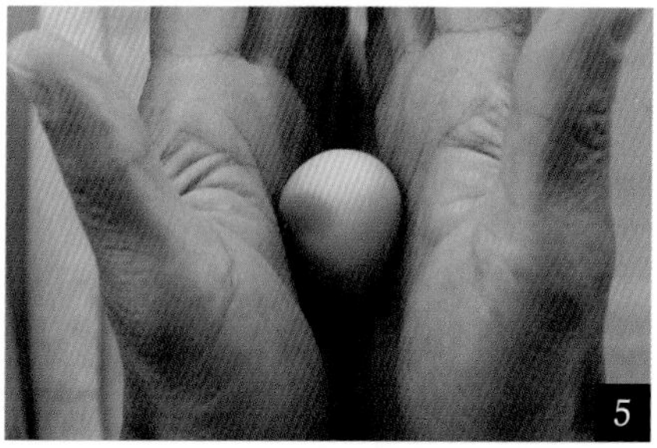

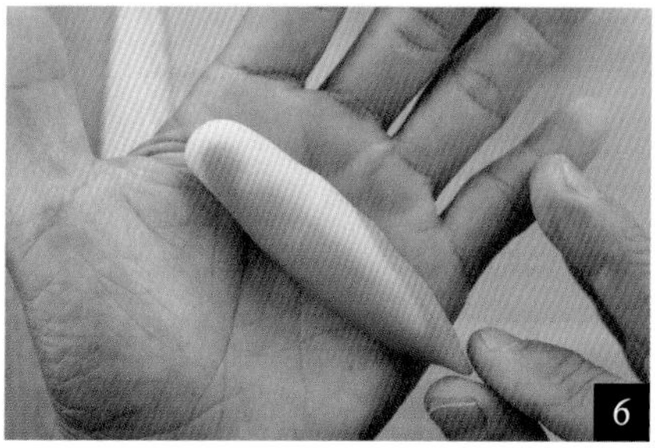

11 放上練切。

12 用掌根推壓白色的部分。

13 用食指塑形綠色的部分，此為葉尖。

14 慢慢推壓，將葉子邊緣壓得更細薄，保留中間的厚度，創造立體感。

15 取下葉片。

16 放上紅豆餡。

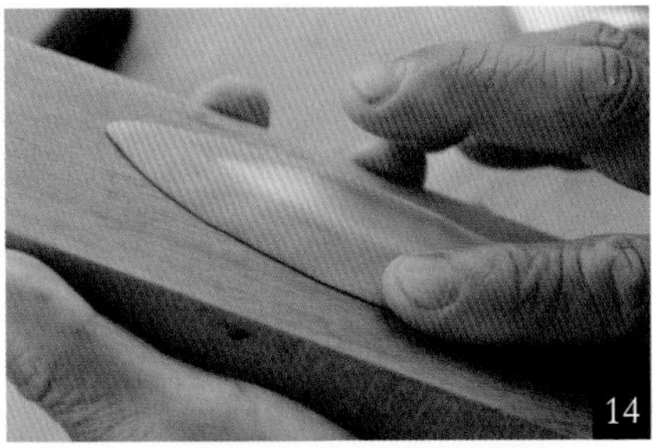
14

11

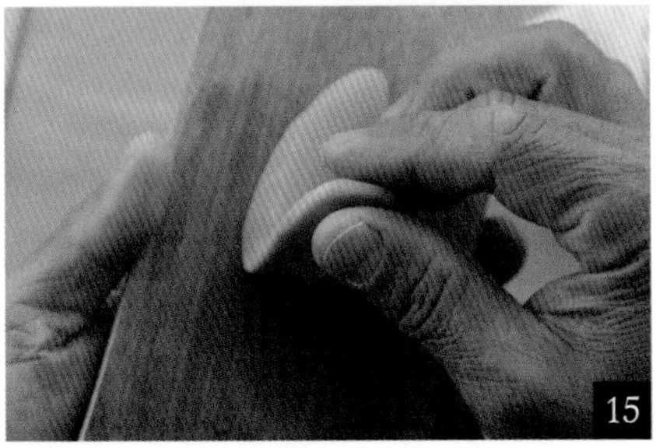
15

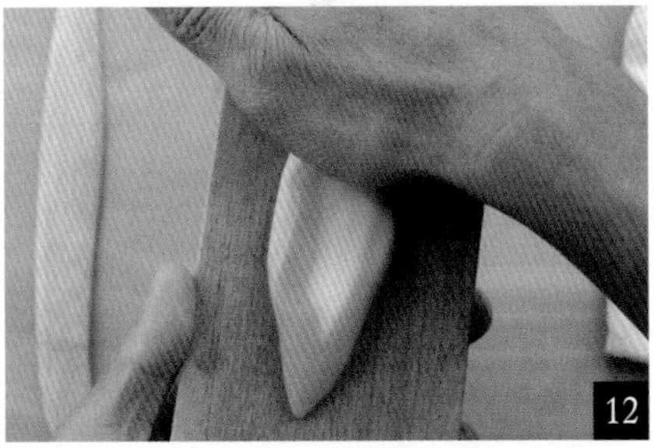
12

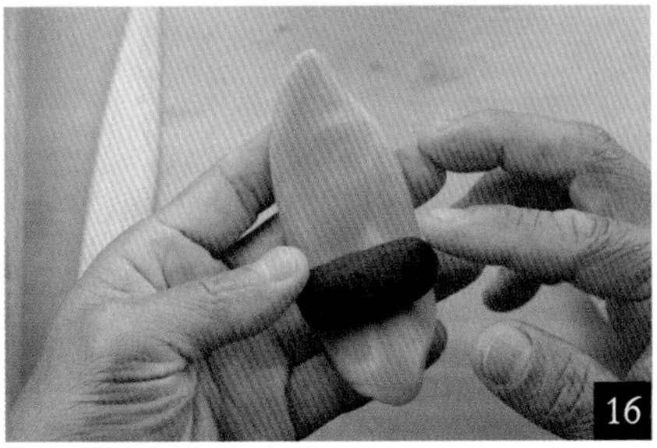
16

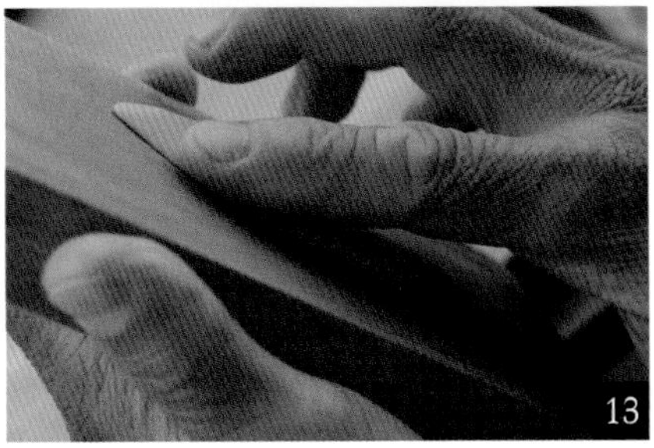
13

17 用練切包覆紅豆餡，下方的練切上摺。
18 上方的部分往下蓋住。
19 轉方向，用食指和拇指把練切往後拉，做出兩側弧度。
20 用竹刀在中央下壓，做出葉脈。

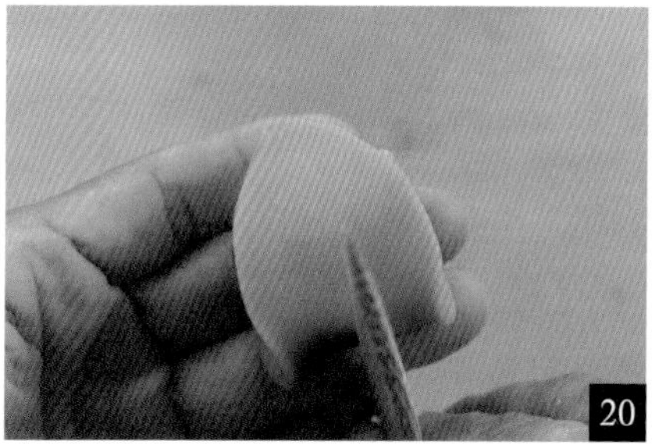
20

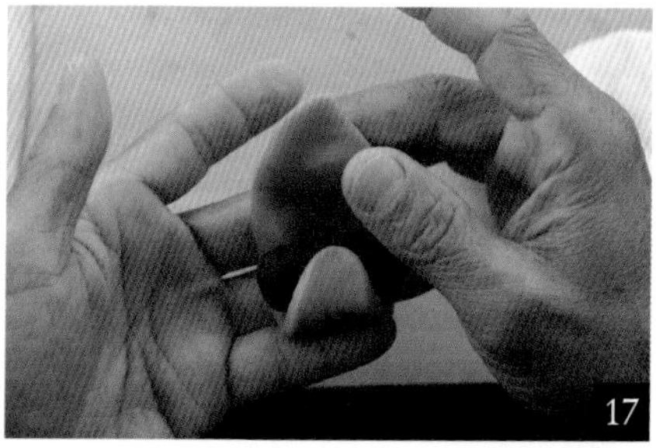
17

18

19

21 右手下壓時，左手往竹刀尖端移動。
22 用竹刀刀尖壓出兩側葉脈。
23 單側壓出兩條，完成兩側的樣子。

23

21

21

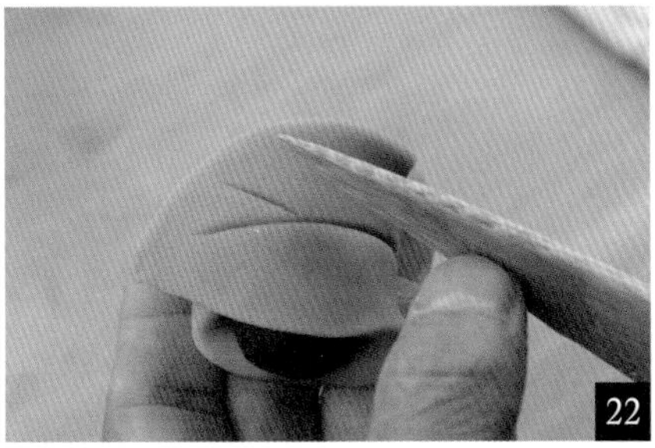
22

牡丹——花苞

ぼたん

初夏的牡丹以百花之王的氣勢綻放，
牡丹含苞呈現略扁圓型，
在傳統和菓子抽象美學思維中，
時常以三角形來表現牡丹。

上生菓子

使用練切製作花卉主題，一定少不了花苞型技法，有別於西式甜點師製作花苞時，較常以一瓣一瓣貼黏其上，花苞型技法則凸顯出一體成型的美感。練切和菓子是以外皮包裹餡料，使用各種工具為外皮進行美化與雕飾。然而花苞型技法是在包餡之後將外皮反覆開合，純手工捏出花瓣形態，然後再包回去，最終呈現出花瓣交疊的效果。

製作牡丹和菓子需注意兩個細節：外皮的漸層手法和花苞形狀的塑造。牡丹的外皮只需染一團粉紅色，與練切的原色相融。將白色包住粉紅色，並以手掌適度擠壓，使粉紅色輕輕滲透而出，形成自然的漸層效果。牡丹的花苞型態為圓扁狀，上半部略收成三角形，使用竹刷壓製花瓣紋路之際，即可同時修飾花苞形狀。

相較於牡丹的圓扁形花苞，椿花、鬱金香等瘦高型花苞則另有風情，以椿花為例，先把花瓣邊緣捏出來，以竹刀切成五瓣，放上花蕊，手捏出盛開花瓣，再將花瓣收合成花苞，創造出「含苞」之美。椿花是只開一天的花，十分珍貴，含苞吐蕊之際最美，我為了觀察椿花而種了棵茶樹，才能親眼看到椿花一日內的珍貴變化。至於鬱金香的製作，則是先捏出綻放的花瓣，用竹刀左右切三瓣後收合，讓白色集中在花瓣邊緣，留意最上方收邊要夠薄，花瓣才會是白色漸層。

椿主題和菓子以及椿花姿態。

鬱金香。

製作

◆材料

【外皮（單個）】

白色練切…13g

粉色練切…12g

黃色練切…少許

綠色練切…少許

【內餡（單個）】

紅豆餡…14g

◆工具

小篩網

葉型模具

竹刷

丸棒

三角棒

棉布（微濕不滴水）

碗（裝水）

砧板

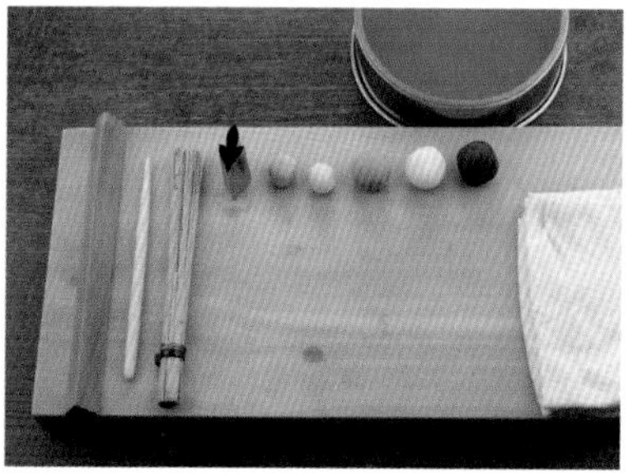

◆小技巧

衷心建議想製作植物主題和菓子的學習者，從種植物開始，時常觀察花草生長過程，包含顏色深淺、花瓣形狀，甚至是枝芽葉片等，才能創作出最為貼近植物自然姿態的佳作。

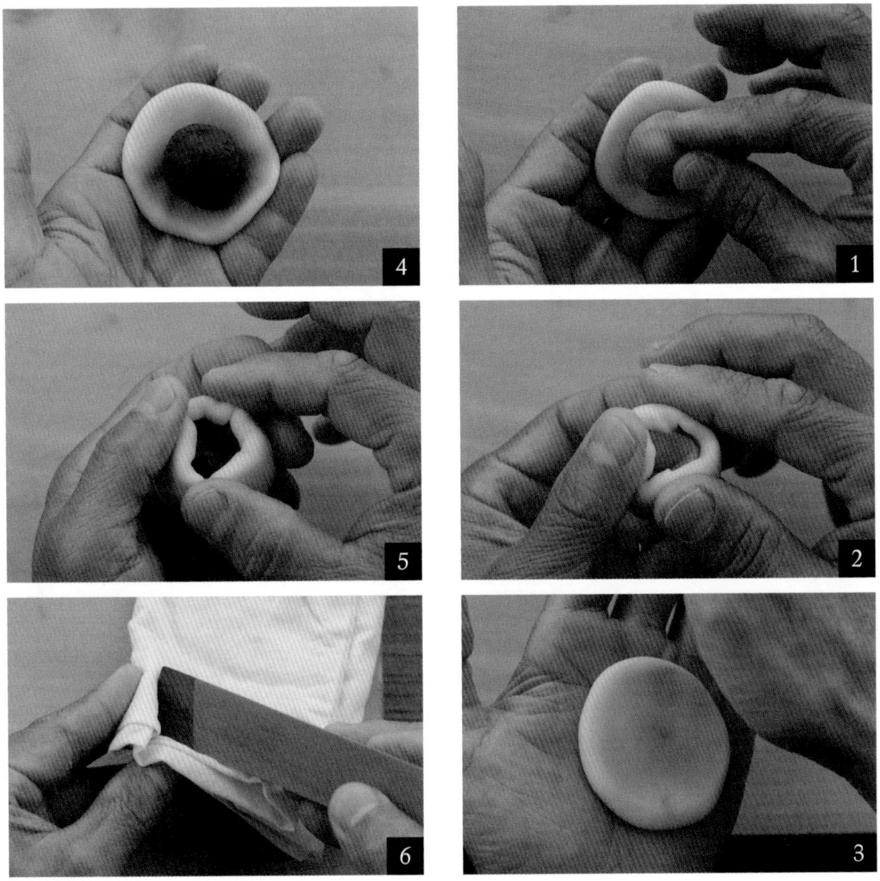

◆做法

1 將白色練切壓扁，放上粉色練切。

2 左手轉動，右手捏合收口。

3 用掌根壓扁練切成圓片。

4 放上紅豆餡壓一下。

5 左手轉動，右手食指和拇指捏合收口。

6 三角棒沾點水，稍微擦乾。

7 在綀切上拓出三角形。
8 用三角棒的尖端對齊線，棒子往內壓出線條。
9 完成三邊，塑形成花苞，備用。
10 準備小篩網，放上黃色綀切。
11 用手指先壓扁一半。

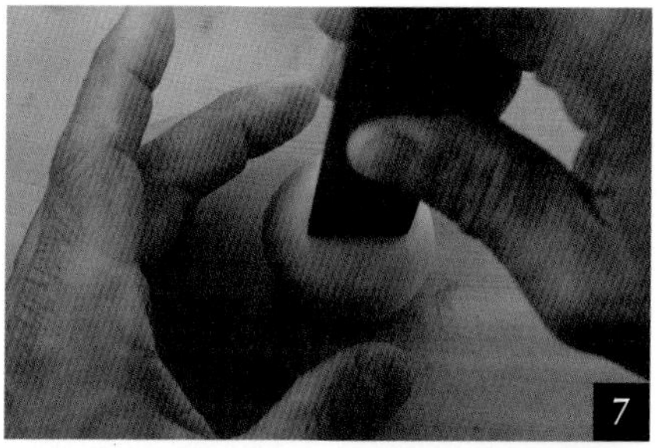
7

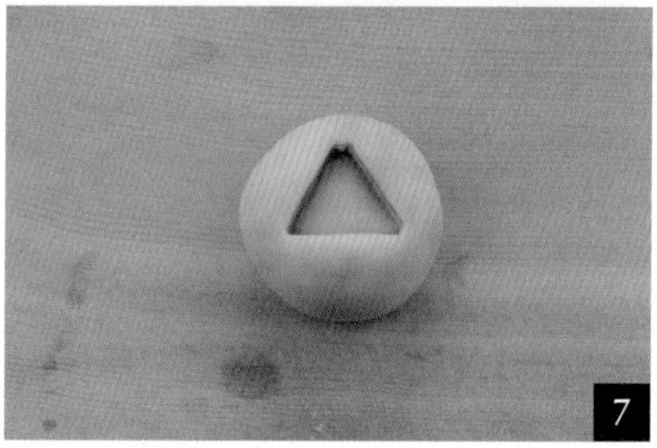
7

8

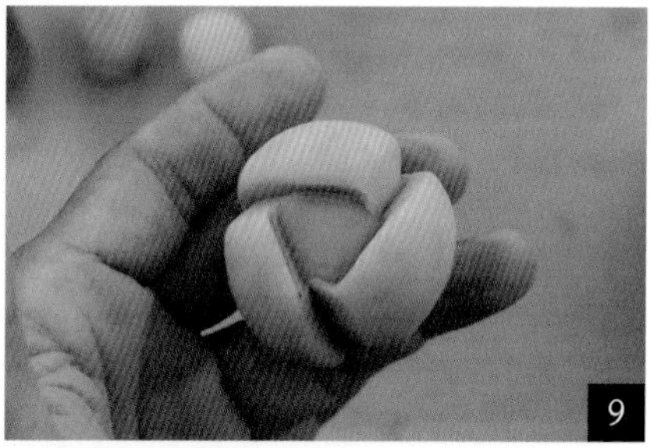
9

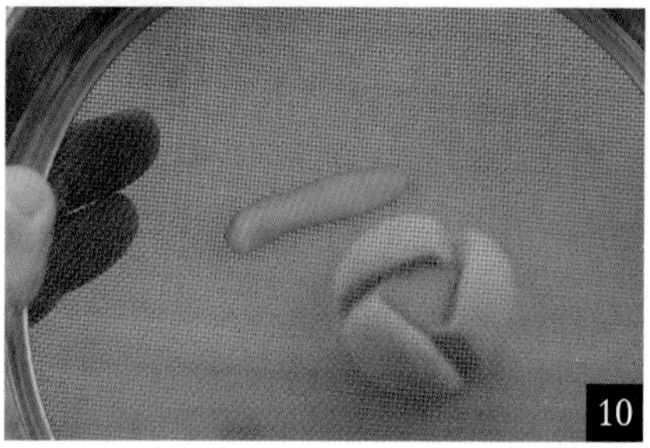
10

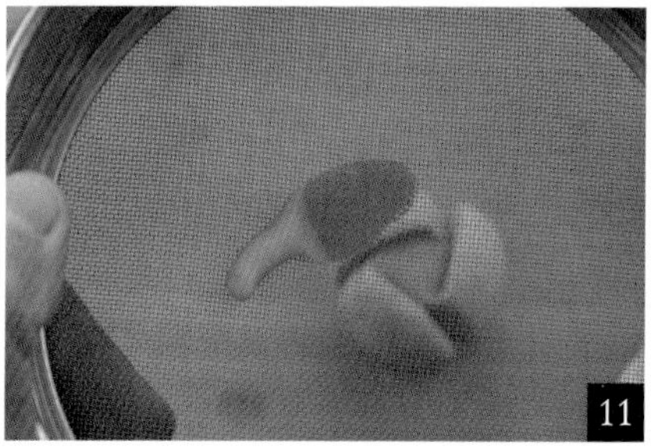
11

12 用手指將另一半黃色練切疊上去，同樣壓扁。

13 將篩網翻過來，就會出現較長的花蕊。

14 用丸棒尖端（或筷子）小心取下花蕊。

15 放在做法9的花苞上。

16 選一個花苞的面，用丸棒輕輕推出長條狀。

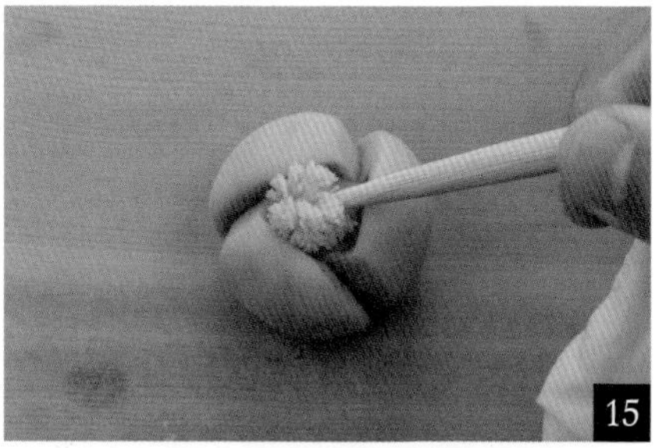
15

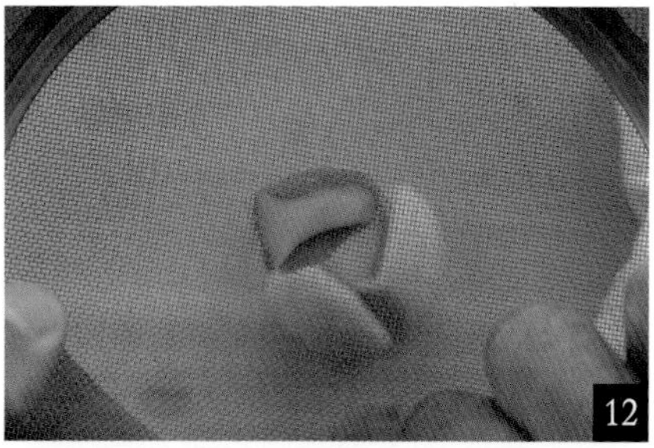
12

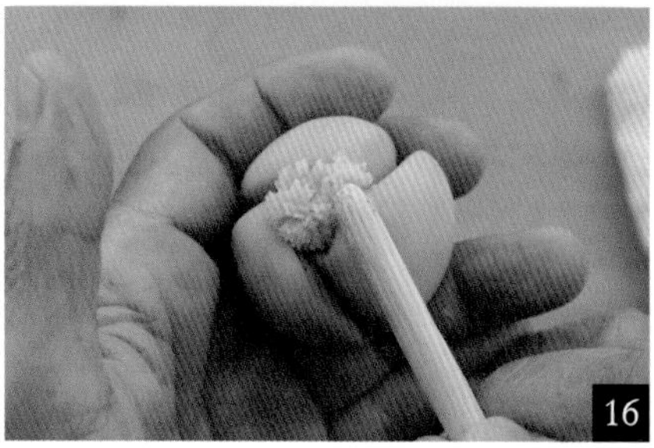
16

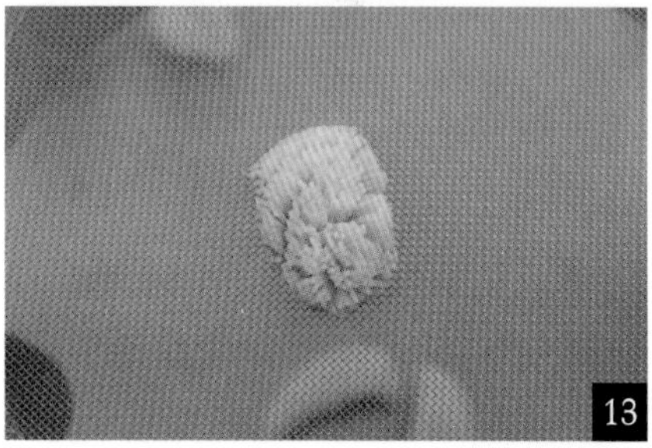
13

14

17 連續推壓出四條，每面四條，共完成四個面。
18 將竹刷下壓，在花苞表面壓出細細的線條。
19 將綠色練切放在棉布上，覆上布。
20 用掌根壓扁。

19

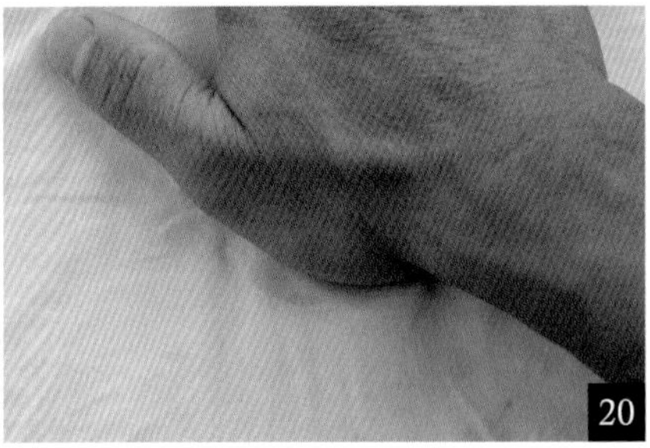
20

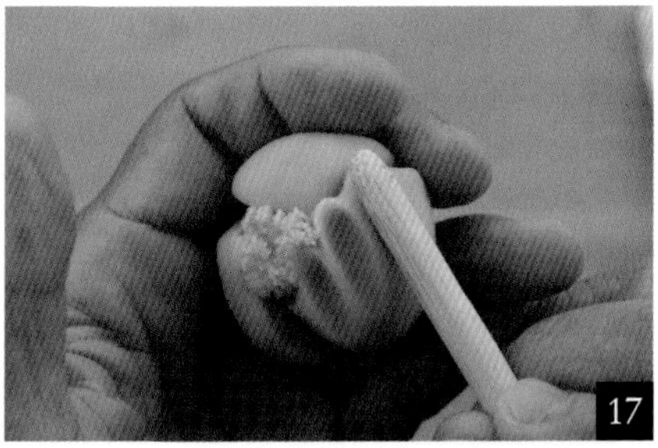
17

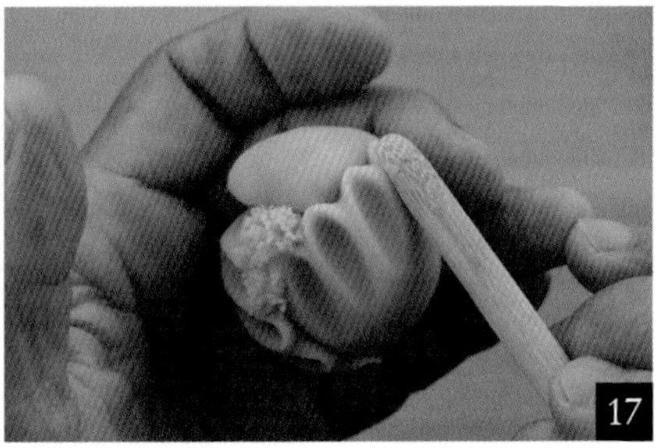
17

18

21 以模具壓出葉片。
22 小心取下葉片。
23 貼覆在花苞上。
24 用三角棒壓出葉脈即完成。

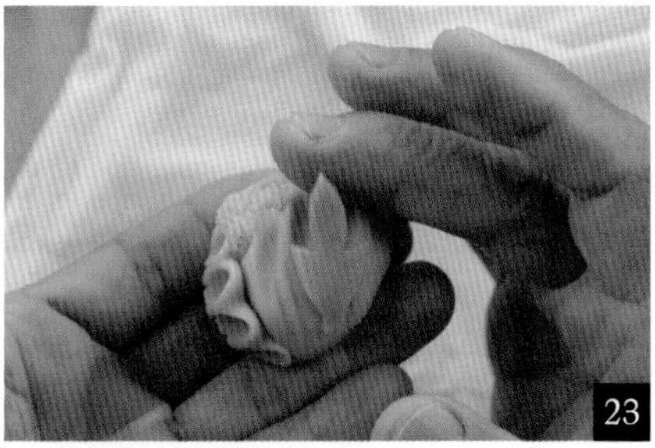

花火——花瓣

はなび

這是一款夏季經典的和菓子，
主要表現日本各地區舉行的夏季祭典，
在天空綻放和變化的多彩煙火，
充滿了日式風情和美好回憶。

上生菓子

在日本，花火大會是人們非常期待的活動，一般在盛夏之際舉行，穿著浴衣的人們喝著啤酒或拿著涼扇，一同仰望夜空的燦爛煙花，即便酷暑高溫難耐，也盡拋腦後，七彩綻放的圖樣療癒人心。對日本人來說，花火乘載了文化意義，在夏日祭典中有驅邪及慶豐收的意涵，每到此時，製作「花火」和菓子，足以體現夏日風物詩的美好活力。

透過觀察花火，可以發現其色彩紛呈是基本要素，因此我選用六種顏色製作練切，並集合成一球，再使用白色練切團包覆起來，為呈現出多彩的漸層效果。放入紅豆餡後收合搓圓、壓扁，六種顏色在白色練切中慢慢地透了出來，塑成圓形後讓練切的底部平坦一些，如此會比較容易安放在桌上。

製作「花火」需要掌握「切」和「推」的技術，並使用三角棒及丸棒等工具。將三角棒放在胸前的正中間，左手轉動和菓子，右手推壓出對稱且均勻的十二等份，若細分為二十四等份的話，則更顯精緻。花火在夜空中盛放時，線條有長有短，這部分藉由運用木棒前端輕推出短、中、長三種長度錯落，如此六種顏色就更為突出。

有些學生看到我使用的木棒會好奇在哪邊買的，其實只是一般的竹筷，但經過自行加工，磨出想要的形狀。除了竹筷之外，我也會把其他工具加工，不限於既定的認知，從日常生活中發想，讓工具成為自己獨有的、使用最順手的樣子，每位和菓子師傅都會發展一套自己的工具樣貌，讓作品更具個性。

運用花火技法還能創作「野菊」，和花火相比，花瓣長度較平均，我將丸棒多刻出一道細線，推出來的花瓣會比較立體。

製作

◆材料

【外皮（單個）】
白色練切⋯13g
綠色練切⋯1g
粉色練切⋯1g
藍色練切⋯1g
黃色練切⋯1g
紫色練切⋯1g
橘色練切⋯1g

【內餡】
紅豆餡⋯14g

◆工具

丸棒
三角棒
針箸
金箔
棉布（微濕不滴水）
碗（裝水）
砧板

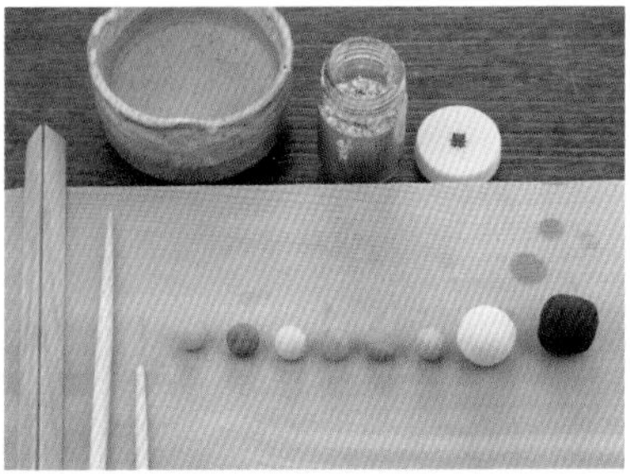

◆小技巧

丸棒是製作花火作品時的主要工具，可依據心目中想要的效果去調整丸棒的粗度，以及弧度，通常我會用砂紙#1000細細打磨丸棒，使其更加圓潤。

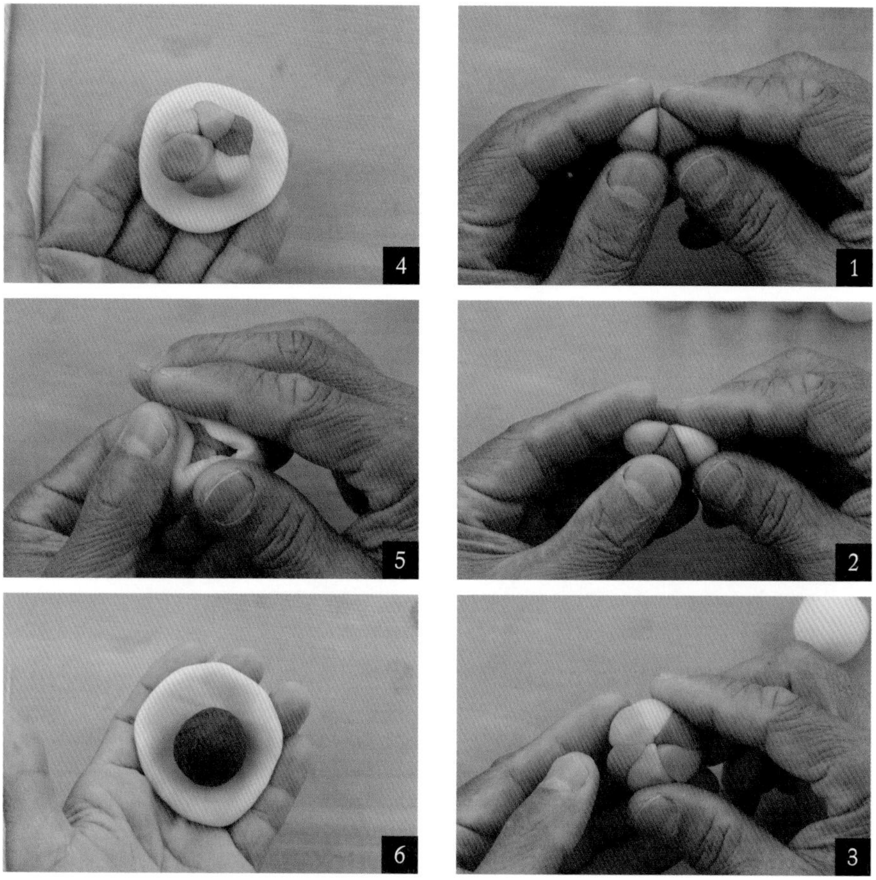

◆**做法**

1 準備六個顏色的練切，壓成扇形。

2 黏合在一起。

3 組合成圓球狀。

4 將白色練切壓扁，放上做法3的彩色圓球。

5 用食指和拇指捏合收口，搓圓後壓扁。

6 放上紅豆餡。

7 用掌心將練切搓成圓球。
8 以圓形上方為中心，用三角棒往下壓。
9 壓出四條線，每份均等。
10 每份再壓出三條線，變成四瓣。

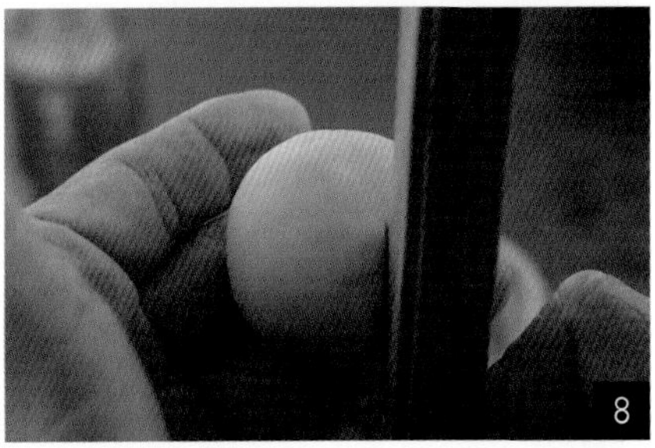

11 用丸棒對準其中一瓣，往前推出花瓣。

12 花瓣可以長短不一，做出不規則的花火形狀。

13 用針箸取一點金箔。

14 略點在中心處。

15 四周散落點綴即完成。

和菓子之心

菊——菊紋

きく

菊花是秋季代表性的植物之一，我選用了傳統的三角棒菊紋切法，以一根木棒前後移動壓出特殊紋路，傳達著古藝術的魅力和技術。

上生菓子

菊花在日本文化中的重要地位不亞於櫻花，因為其具有吉祥、長壽的寓意，長久以來深獲日本皇室的重視與喜愛。新曆九月九日為日本的重陽節，在過節的前一天，人們會取乾淨棉花放置在菊花上，吸取重陽日當天的露水，並在當天使用這個棉花擦拭身體，用以消災解厄，祈求去除百病。這款賦有吉祥之意的上生菓子即為「棉菊」。

這個作品使用的技法為菊紋，僅需三角棒即可完成，技術純熟的製作者大約花費一分鐘即可完成一顆菊紋和菓子，使用工具時的手勢需要純熟流暢，如不能一氣呵成，或是過度雕琢的話，菊紋的風采便無法絕佳呈現出來。三角棒有三個邊，每個邊能輔助呈現出不同的菊紋樣貌，我習慣的方式是使用的較為銳利的邊角側，手勢由上往下或由下往上皆可，重點技巧在於手指、掌心之間的配合轉動，以及三角棒的落點，能精準下在想要的軌跡上。

菊紋技法在和菓子製作的應用甚廣，像是具有日本文化代表性的手毬玩具，象徵幸福好運，其紋飾和菊紋有異曲同工之妙，因此時常作為菊紋和菓子的主題之一，表現出四季及節氣的變化。例如以彩虹為發想的「虹手毬」，屬於夏季的上生菓子，顏色層次多變化，十分討喜。另一款是「櫻手毬」，以粉色為主體，在練切染色時，先安排漸層色櫻花花瓣，再點上金箔，花蕊是用細篩網篩出來的，是春天櫻花季時很應景的作品。

櫻手毬。

菊紋的進階變化。

製作

◆材料

【外皮（單個）】
白色練切…13g
黃色練切…12g
深黃色練切…少許
綠色練切…少許

【內餡（單個）】
紅豆餡…14g

◆工具

三角棒
葉形模具
棉布（微濕不滴水）
碗（裝水）
砧板

◆小技巧

依據三角棒使用的邊不同，會有不同效果，若用凹下去的那邊推壓會出現兩條線，如此花瓣層次就比較多，但製作時的注意力得更集中，留意壓的位置，以免花瓣層次過亂。

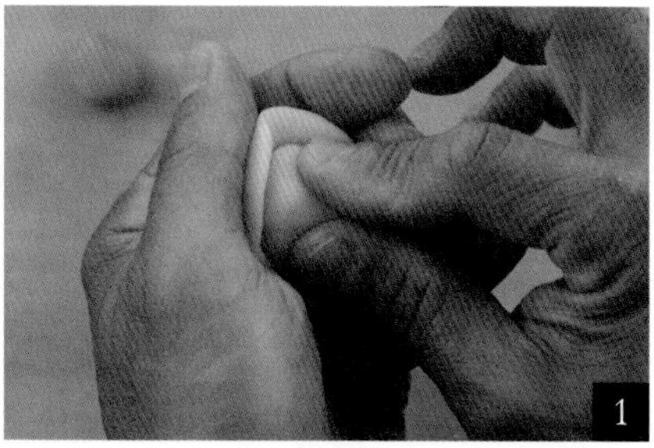

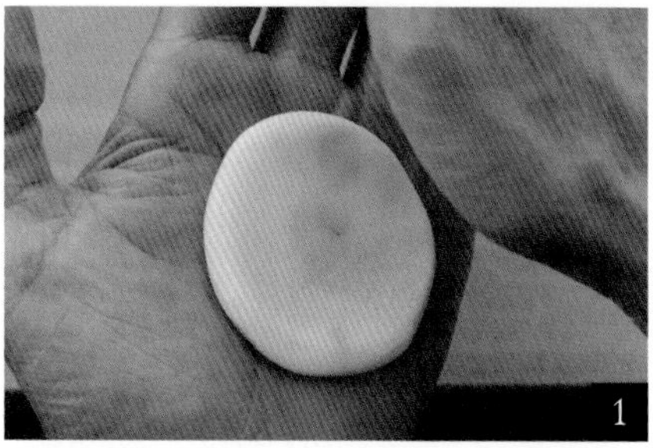

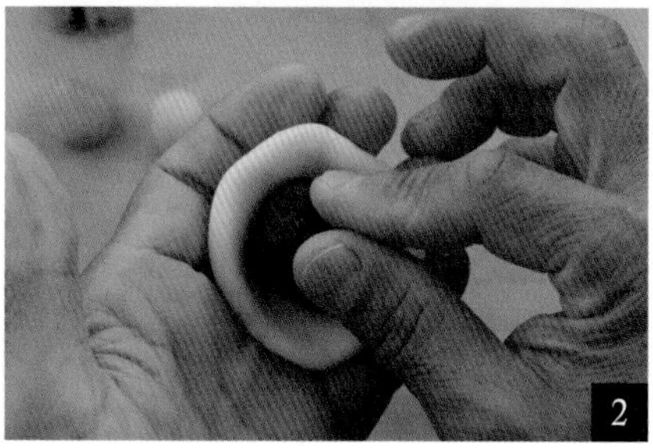

◆**做法**

1　取白色練切壓扁，放上黃色練切，捏合收口並搓圓。

2　放上紅豆沙餡。

3　用雙心掌心搓圓。

4　三角棒沾點水，稍微擦乾。

5 用以圓形上方為中心，放上三角棒往下壓。
6 先往左下壓出一條，再從右邊回壓上方。
7 做出數條交錯線，使其等寬。
8 俯視時，線條需呈現均等的放射狀。

9 完成的菊紋。
10 花蕊模具沾點水。
11 用布吸乾水分。
12 取一點黃色練切，在模具內抹平。
13 抹平，移除多餘的部分。

9

10

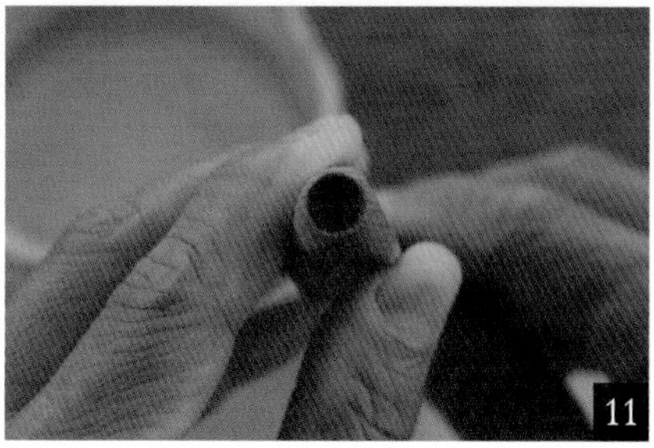
11

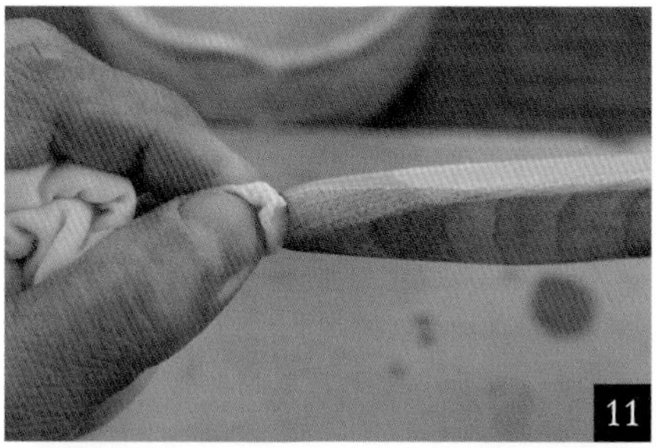
11

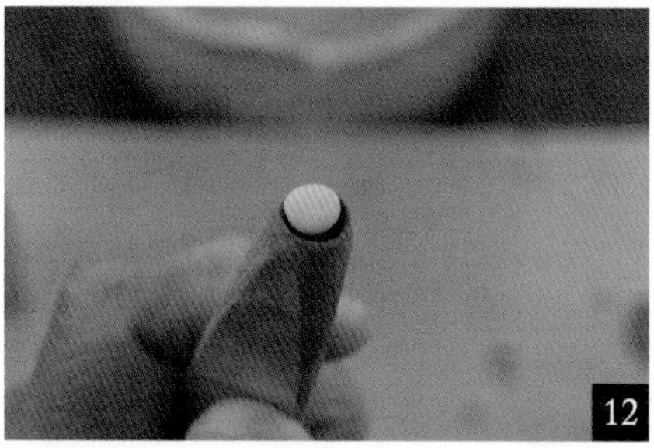
12

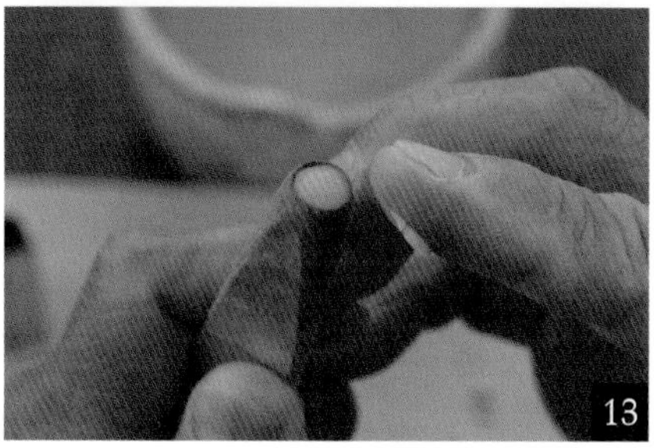
13

14 輕輕壓在做法9的菊紋中心。
15 將綠色練切放在棉布上，覆上布。
16 用掌根壓扁。
17 以模具壓出葉片。
18 小心取下葉片。

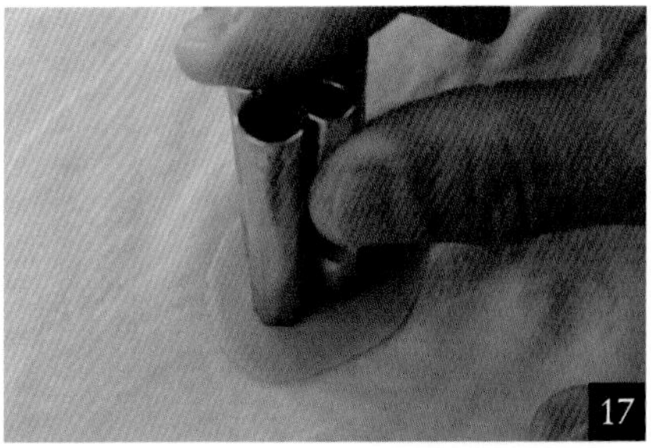

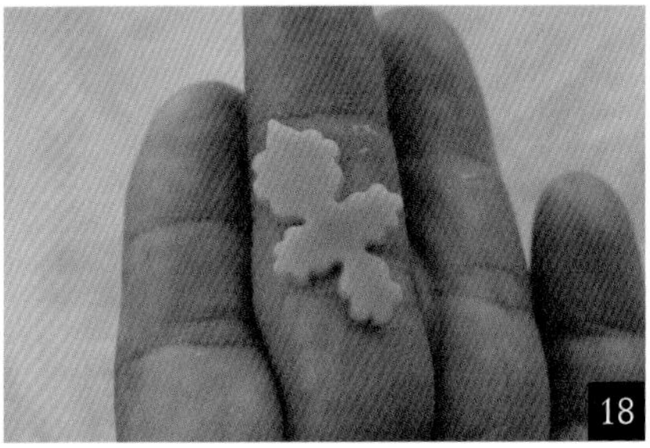

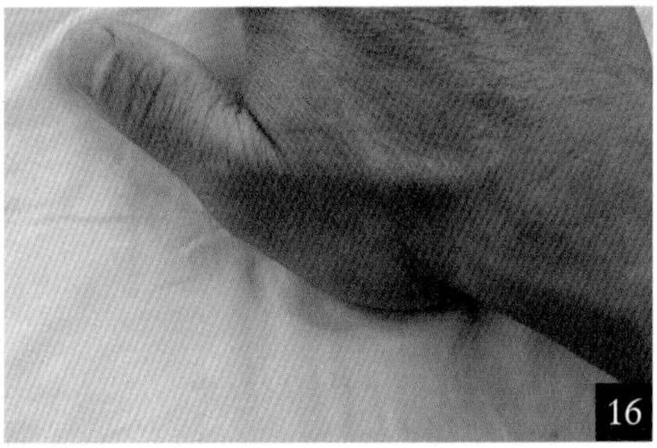

19 貼覆在菊紋上。

20 用三角棒壓出葉脈即完成。

19

20

和菓子之心

金魚——針箸

きんぎょ

「琉金」在日本是非常知名的金魚品種，
身體圓嘟嘟地十分可愛，頭部略尖，
就像是水中的可愛小精靈，
希望琉金悠游的樣子能帶給大家清涼的會心一笑。

上生菓子

在台灣，很多人是透過練切認識和菓子的，其中「針箸」技法則是擄獲了最大程度的目光。針箸是將細針插入竹筷前端，像使用竹筷一般的方式進行雕琢，以針箸代替細工剪刀，可以奔放自由地揮灑創意，除去了框架與邊界的束縛，但相對來說，也更要求製作者的經驗及美感。

多年前，我曾經飼養過一隻金魚，藉此更加貼近觀察了金魚的姿態，在炎熱的夏日中，可以感同身受其徜徉水裡的舒暢，令人不禁有著「只羨金魚不羨仙」的愉悅，因此每到夏季，金魚都會成為妝點夏日和菓子的主題之一，金魚悠遊水中的模樣總能帶來一抹清涼。

掌握針箸技法的第一步，在於使用針箸的尖端，有點像拿著筷子的手勢，對準練切表面，再進行下壓、收合動作，小心夾出魚鰭弧度，透過不斷地實作，可以逐步邁向「剪菊」和菓子中使用針箸的進階技巧。

還有另一種創作形式亦能表現金魚的生動姿勢，先用練切製作出一個水池，搓成陀螺形，底部則做得稍微平坦一些，讓和菓子能夠獨立安放。此時加入針箸技法，夾出胸鰭與尾鰭擾動水波的線條，創作出輕柔飄逸的意象，有別於細工剪那整齊的排列方式，使用針箸呈現出的「亂」，更真實呼應尾鰭緩緩而過的自然律動感，最後在水池中間挖一個小洞，放進以練切製作的金魚身體即完成。

此種創作方式更能強調胸鰭與尾鰭擾動水波的生動。

製作

◆材料

【外皮（單個）】

白色練切⋯22g

白色練切⋯少許（做眼睛和嘴巴）

紅色練切⋯3g

黑色練切⋯少許

【內餡（單個）】

紅豆餡⋯14g

◆工具

針箸（兩支）

竹刀

丸棒

魚鱗棒

棉布（微濕不滴水）

碗（裝水）

砧板

◆小技巧

和種植物一樣，做金魚和菓子一樣得投入時間長期觀察與練習才可得。金魚身形圓滾且尾巴短，以及魚鰭的形狀、線條等都是可以觀察的重點。

1

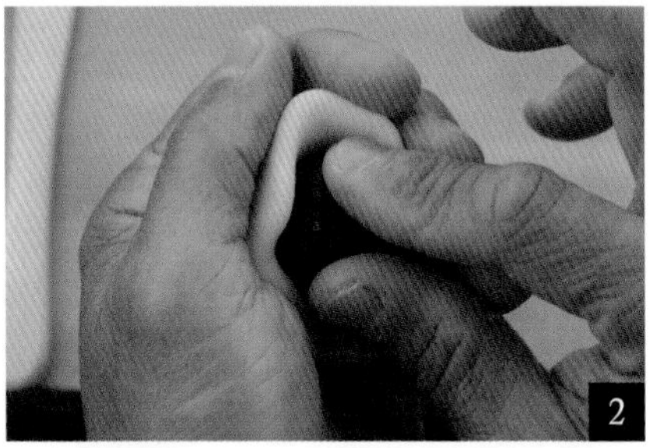
2

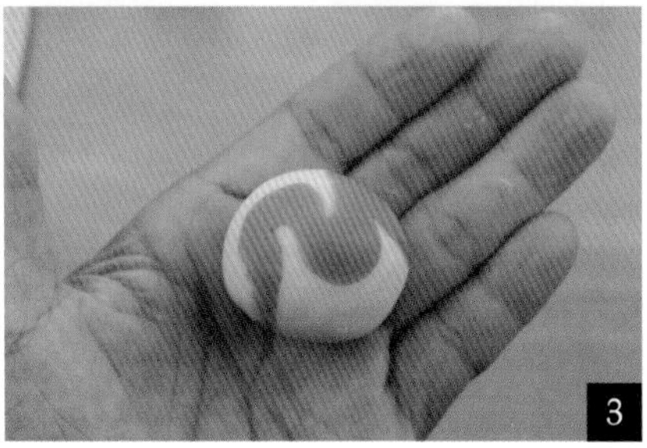
3

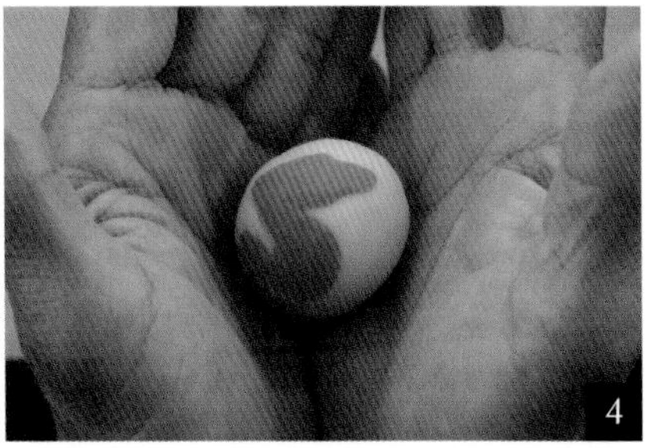
4

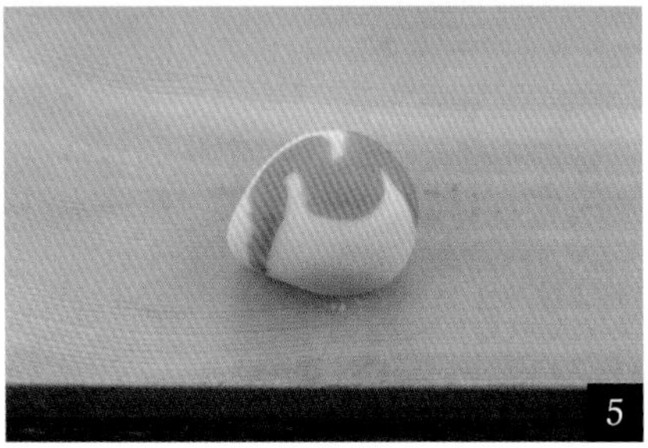
5

◆**做法**

1　取白色練切壓扁，放上揉成條狀的紅色練切，做出W形。

2　放上紅豆餡。

3　用掌心搓成蛋形。

4　用雙手掌心和虎口塑形成一端尖，一端圓。

5　尖端是魚嘴，圓端是魚尾。

6 用竹刀下壓線條，形成弧形，做出魚鰓。
7 取一小塊白色練切，捏成小小扁圓片，黏在尖端。
8 用丸棒戳出魚嘴。
9 取一小塊白色練切，搓圓後黏上，當成魚眼。
10 取更小塊的黑色練切，搓圓後黏上，當成眼珠。

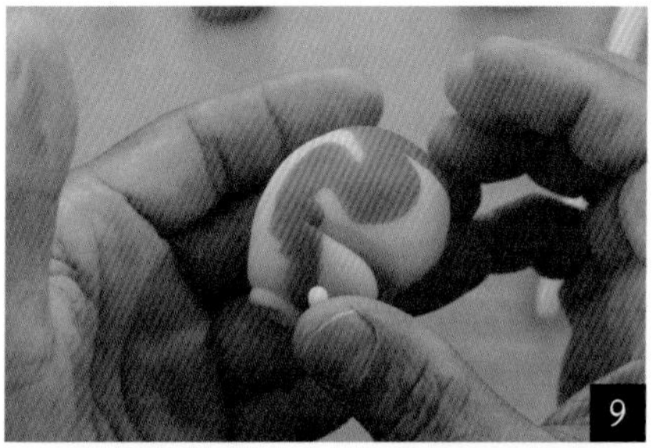
9

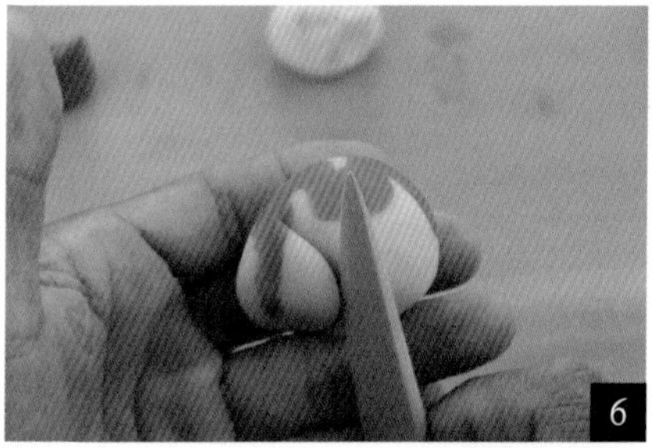
6

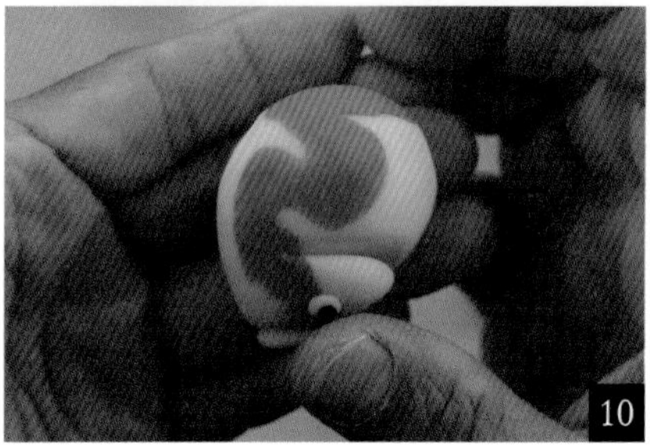
10

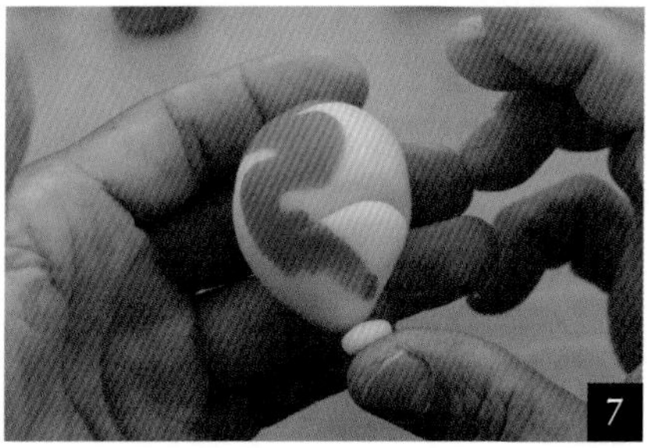
7

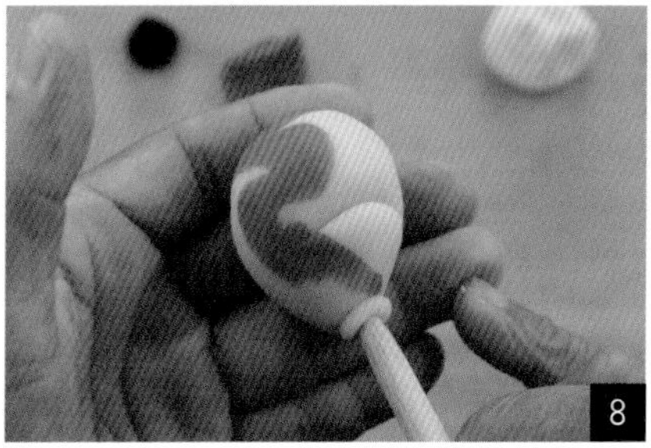
8

11 用食指和拇指捏出魚的背鰭。

12 用兩根針箸在魚鰓處夾出魚鰭，下壓兩條細線，壓深一點，收合成弧形。

13 在比較圓的那端夾出魚尾，下壓兩條細線，拉長一點，收合成弧形，使其上提。

14 依上述方式，在左右兩側各夾出一小片，使其上提，魚鰭比魚尾稍短。

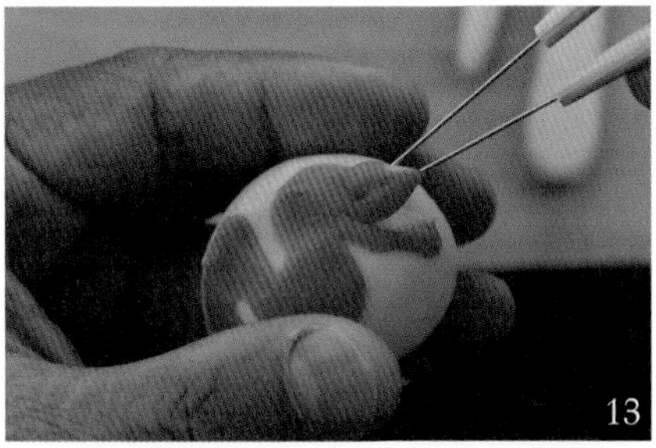
13

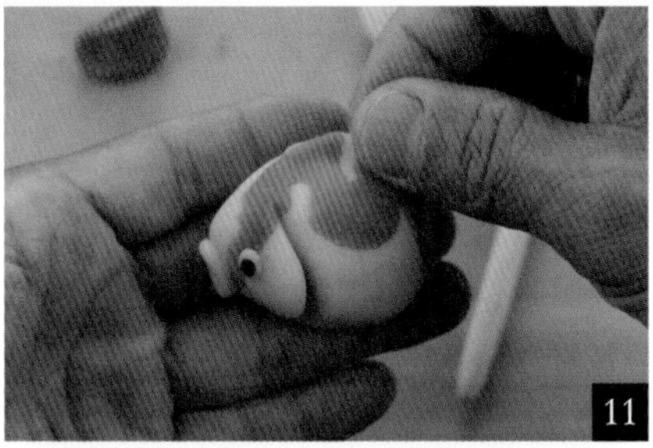
11

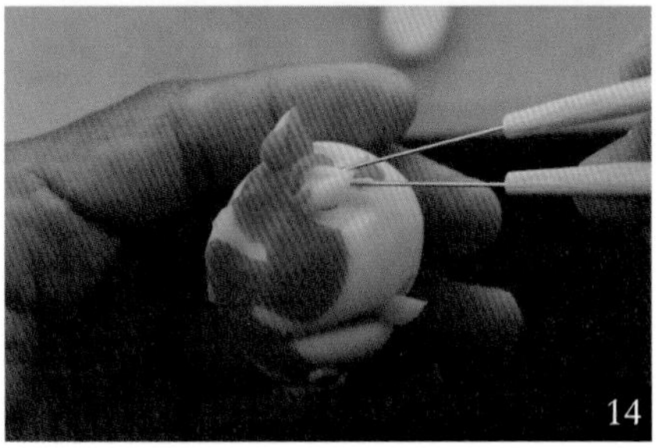
14

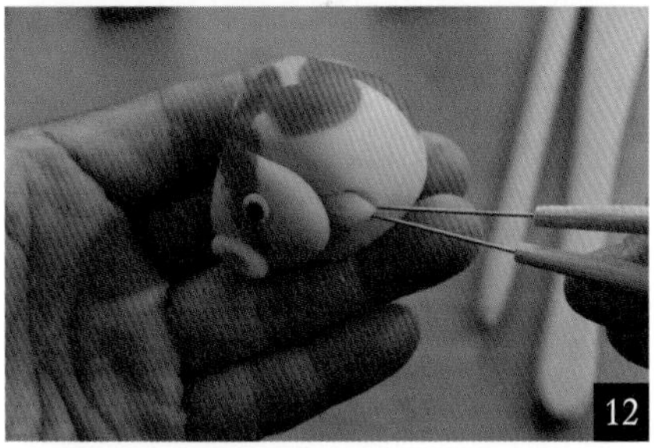
12

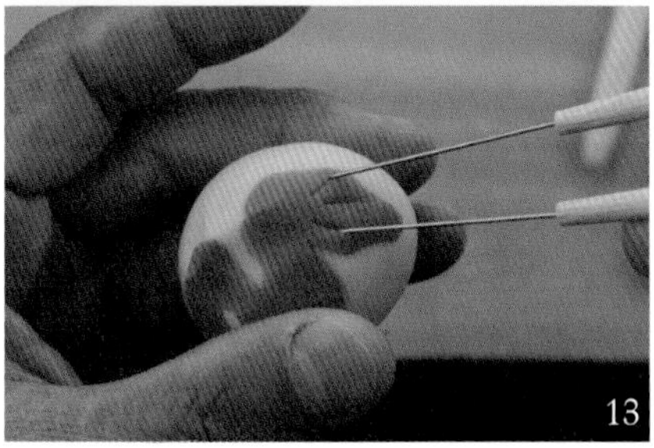
13

15 用魚鱗棒稍微整形一下尾端。
16 利用半圓形的魚鱗棒在魚肚上壓出魚鱗。
17 完成一排一排的魚鱗。
18 最後用丸棒或筷子尖端將魚鰭上提，做出立體感。

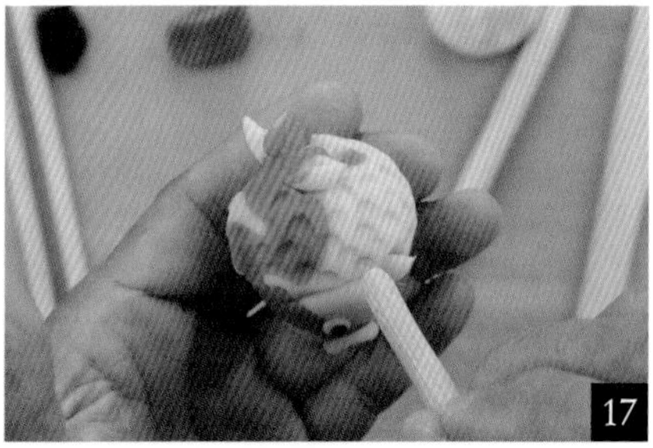

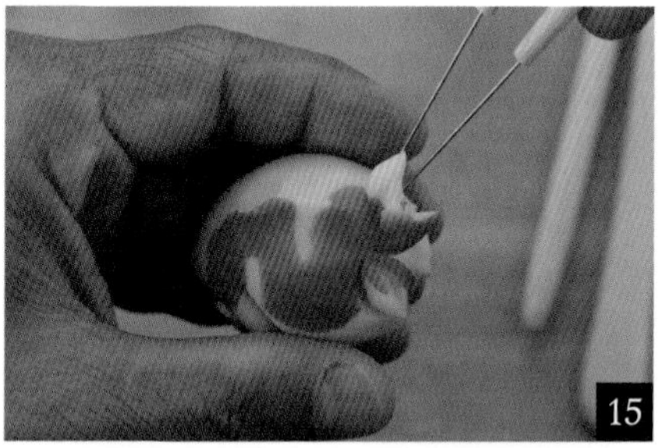

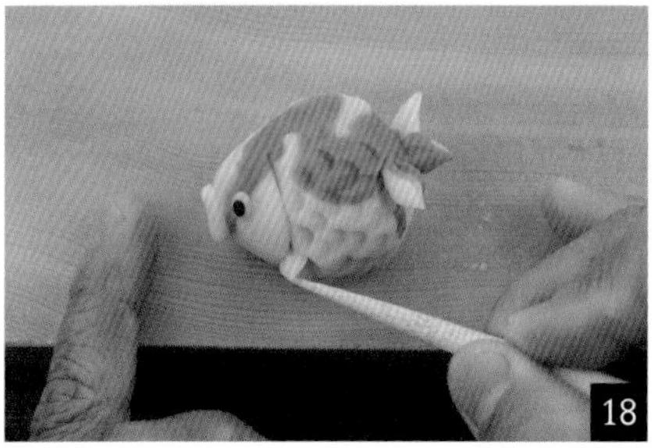

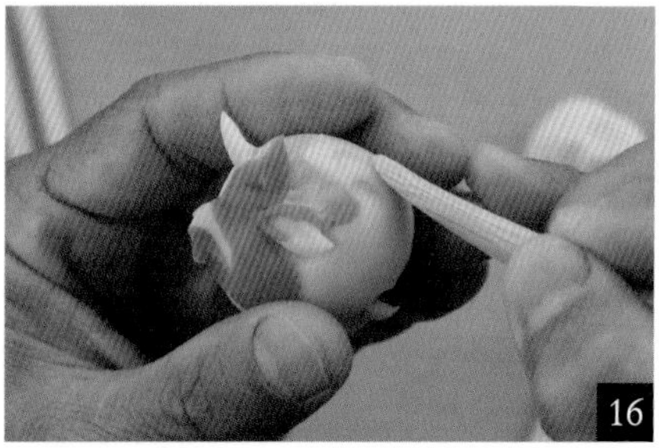

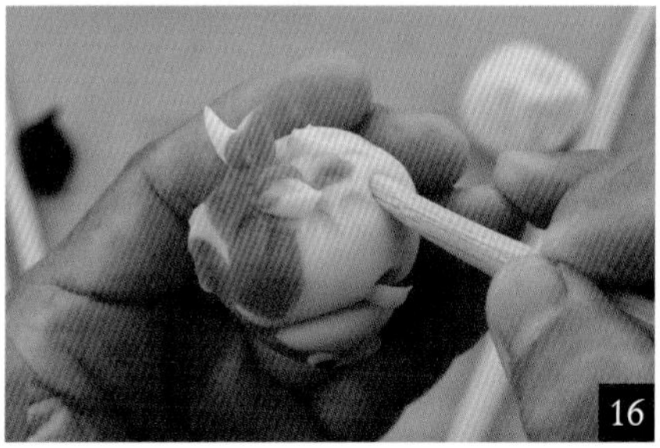

麻雀——茶巾絞

スズメ

秋天是稻穗成熟的季節，
也是麻雀成群出現的時候，
利用茶巾絞技法做出羽翼的線條感，
是我每年秋天一定會做的和菓子款式。

上生菓子

利用茶巾絞捏成型，是練切和菓子的傳統技法。茶巾，是製作這類和菓子時的重要工具之一，平時用於擦拭雙手和器具，同時也是塑型的常見工具，透過捏絞茶巾，讓練切出現有機的自然線條，而這些線條經過設計與安排，即為茶巾絞技術的精髓。

茶巾絞技法常被用來表現鳥類的羽毛和花瓣的紋理，具有豐富的變化性，總能帶來驚喜。「麻雀」這款和菓子在每年秋天誕生，正值稻穗成熟之時，麻雀群聚迎接豐收。運用茶巾絞技術，可以呈現出兩種形式：翅膀上揚或翅膀收摺。無論是上翹的尾巴，或翅膀羽毛的細緻線條，都能透過茶巾的運用展現精巧之處。

此外，以麻雀為主題時，會考慮到身體配色具有層次，我習慣以少見的棕色色系為主要顏色，深棕色用於頭部，淺棕色用於背部，再搭配偏黑色的臉頰與嘴巴。棕色系通常由紅、黃、藍三色調配而成，偏黑色的部分則可加入少許竹炭粉調製，以達到理想的色彩效果。

在製作過程中，將白色練切搭配頭部和背部的色彩，放入茶巾絞中進行捏塑並定型。製作者必須輕柔掌握茶巾的皺摺，無需過度用力，如此紋路才能自然形成，有一定的肌理感，卻不拘泥於固定方向，這種靈活度可讓和菓子展現出千變萬化的效果。

茶巾絞的技法還能做出「白鳥」，製作時，一手拉布壓出鳥兒背部羽毛線條，一手捏塑出頸部以及與身體相連的小洞。

製作

◆材料

【外皮（單個）】
白色練切…12g
褐色練切…1g
淺褐色練切…12g
黑色練切 少許

【內餡（單個）】
紅豆餡…14g
黑芝麻粒…少許
核桃碎…1/2顆

◆工具

竹籤
丸棒
棉布（微濕不滴水）
碗（裝水）
砧板

◆小技巧

小麻雀看似可愛，但其實有些難度，因為進行茶巾絞時，要同時塑形出身體、尾巴以及一對小翅膀，這部分需要多次練習才能抓準位置和形狀。

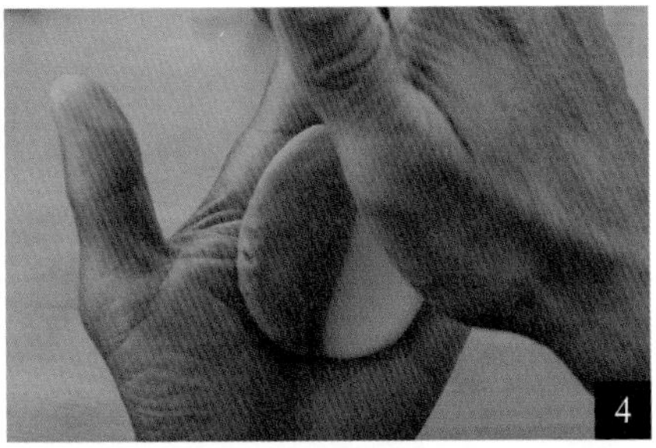

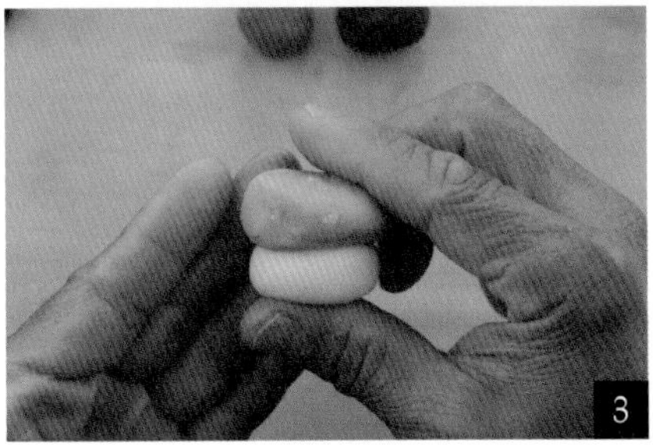

◆**做法**

1　取淺褐色練切，沾取核桃碎。

2　用食指和拇指捏勻。

3　取白色練切，疊在一起。

4　用虎口把練切壓扁成片狀。

5　用丸棒在中心戳一個凹槽。

6 放上深褐色練切。
7 用掌根壓扁。
8 放上紅豆餡，左手轉動，右手捏合收口。
9 練切轉到正面，用虎口塑形出麻雀頭部。

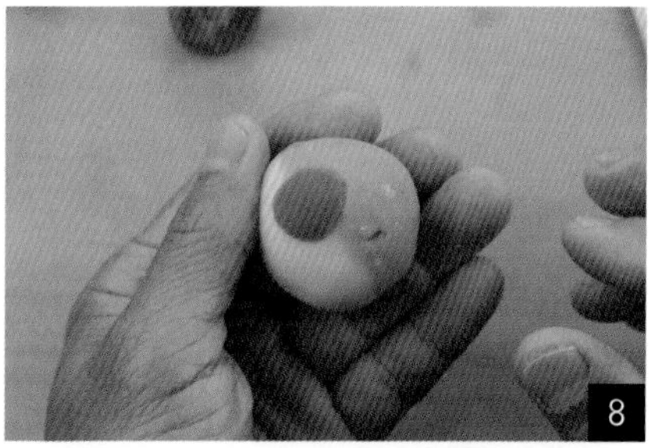

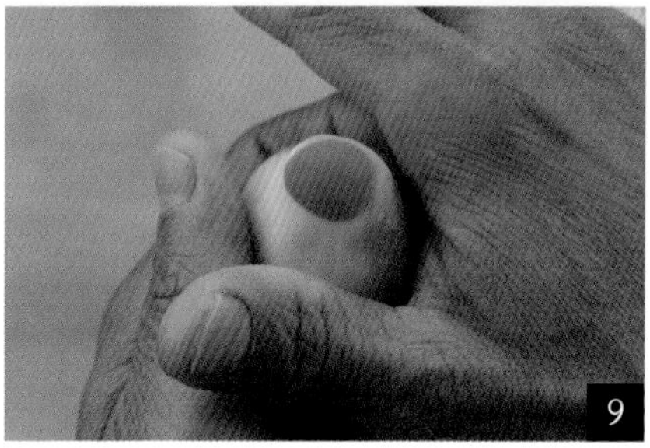

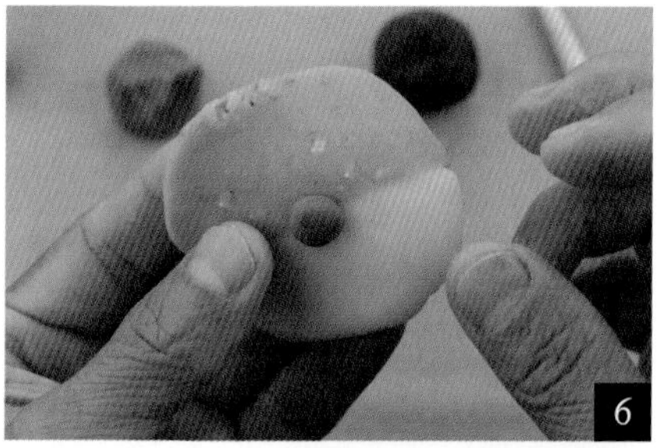

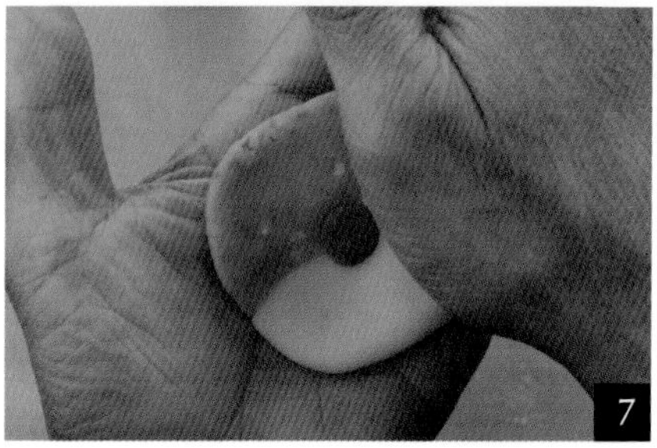

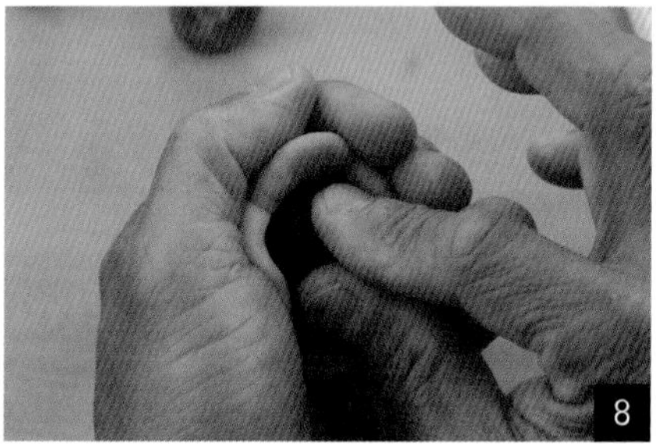

10 用手捏出尾巴。

11 完成麻雀尾巴初步的樣子。

12 用棉布包覆練切。

13 麻雀側面靠著左手，右手把布都順到後面，右手抓著。

14 用雙手食指，把布拉緊，做出線條。

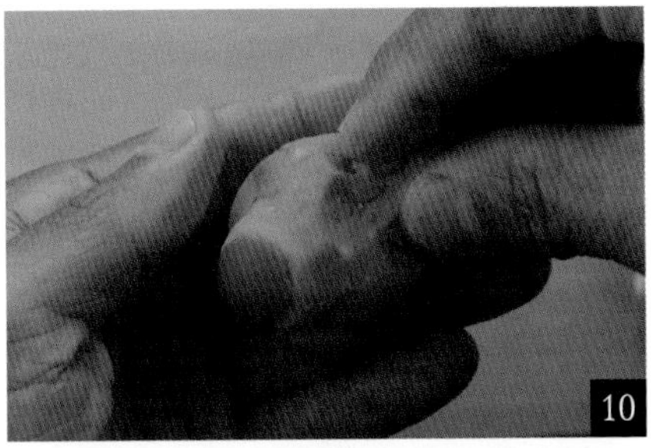

10

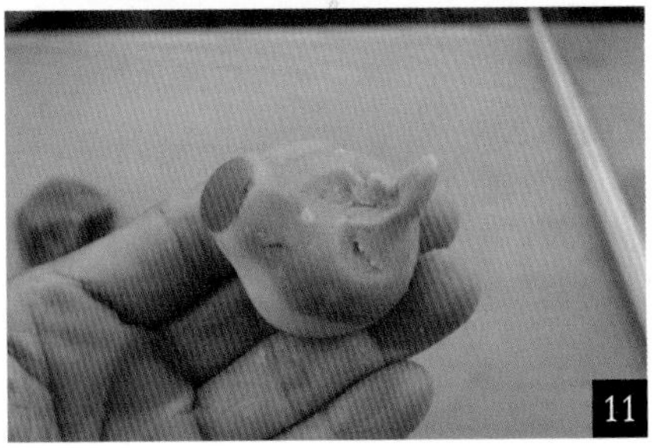

11

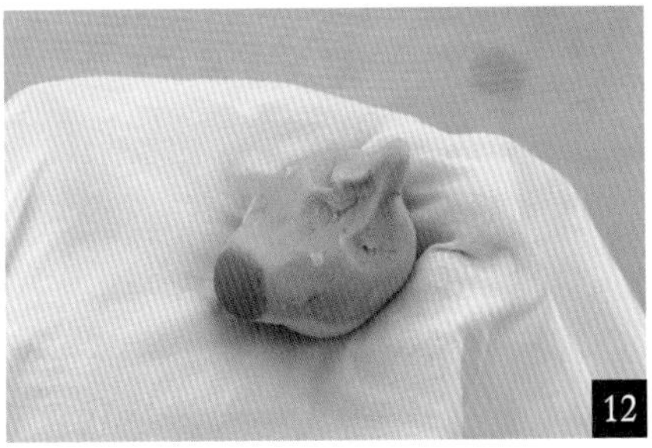

12

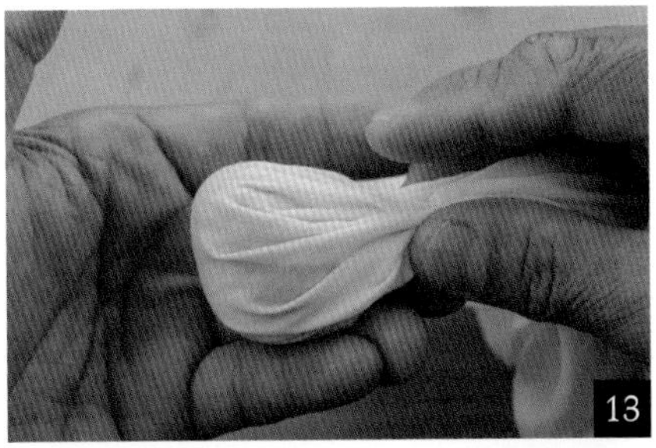

13

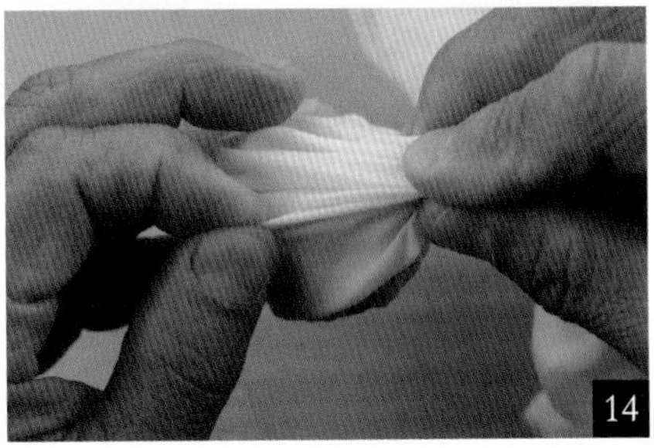

14

16 用食指壓按尾巴，使其分裂成兩端。
17 右手食指、中指、拇指同時往後拉緊，才能做出線條。
18 兩端就是小翅膀，下方是尾巴。
19 用筷子在褐色練切與白色練切處戳一個凹槽。
20 用黑色捏出三角形，當成麻雀嘴巴。

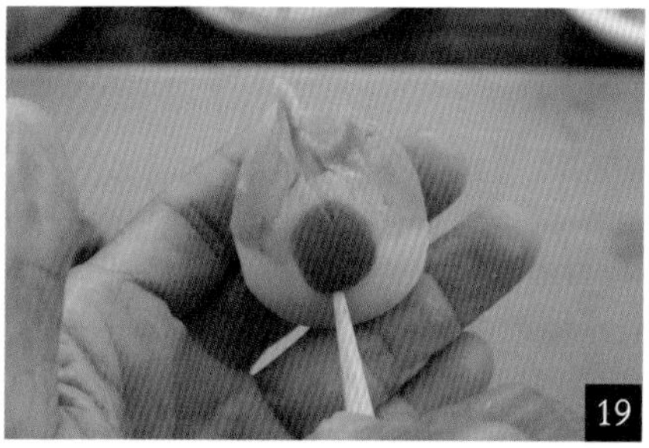
19

20

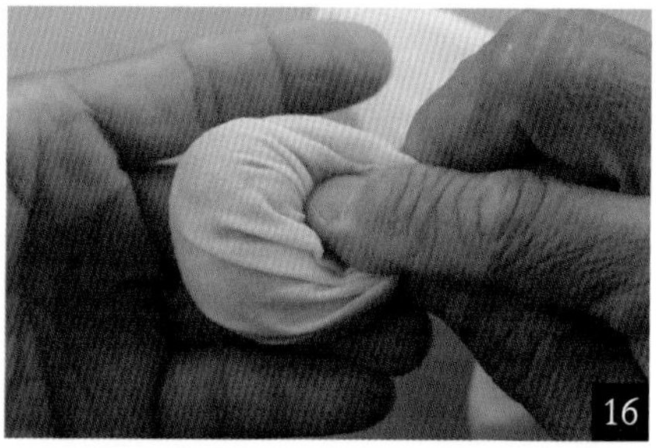
16

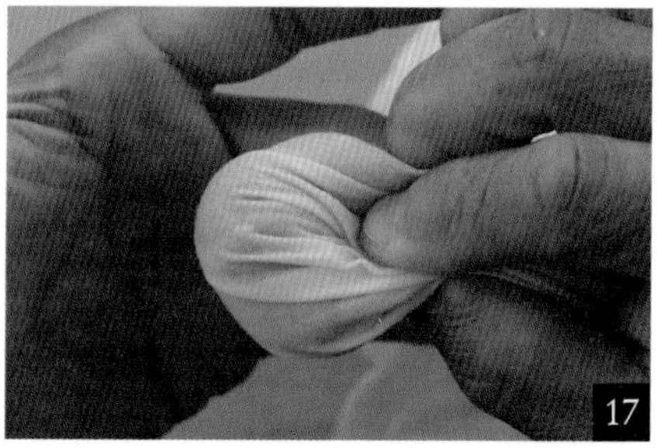
17

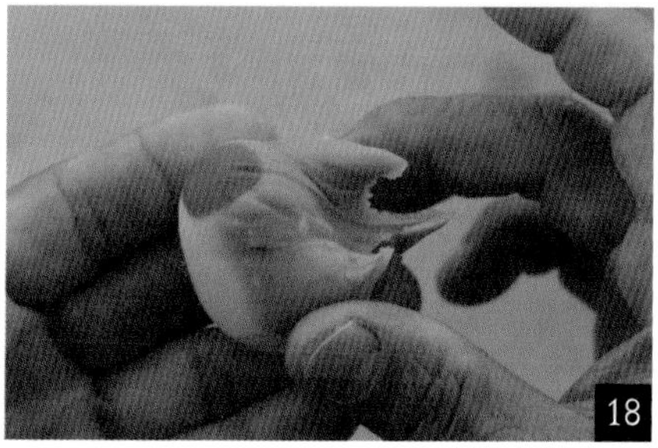
18

21 再捏兩個小圓球，貼在淺色和白色練切交界處，代表麻雀耳朵位置的羽毛。

22 點上黑芝麻，當成眼睛。

23 另一側也點上黑芝麻。

24 完成的麻雀，茶巾絞能塑形出自然線條。

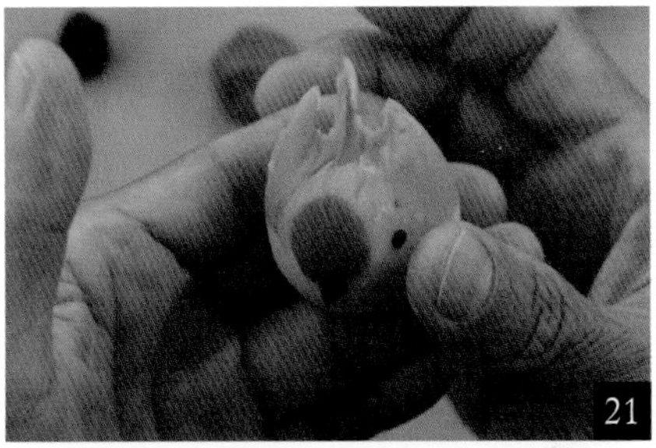

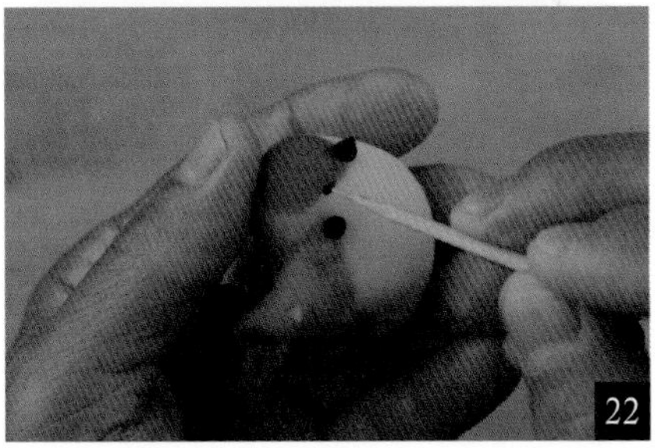

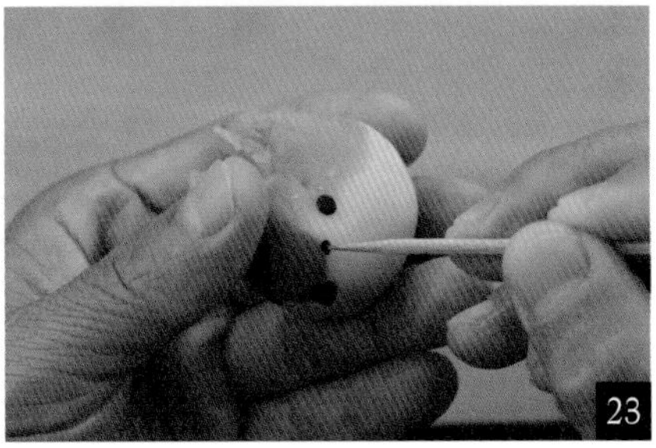

和菓子之心

蜜柑——擬真

みかん

上生菓子

這款剝皮蜜柑特別以寒天粉來表現，
希望讓和菓子更栩栩如生，
仔細觀察會發現橘子內部構造是很神奇的，
天然的容器裝著令人感動的美妙果汁。

製作擬真和菓子無法一蹴而就，每款作品都有其獨特的製作方法和講究之處，掌握練切的基礎後，能順利進階創作出更精巧的作品。以深受好評的「蜜柑」為例，先包餡並做好橘瓣，裹上寒天粉，再開瓣，使用結合兩種顏色練切的橘皮包覆，切記橘子皮要夠薄，才能用手撕開一角，就像真的剝橘子一般真實。而蒂頭的部分也有講究，一般做法是黏貼蒂頭或葉子，但我習慣使用自製工具，讓蒂頭也有小細節，更加擬真。

在進階的和菓子製作技法中，製菓師傅常會運用異材質做結合，為作品增添栩栩如生的效果。以往，我會製作的「烤香魚」和「培根蘆筍」，皆為大大挑戰感官之作。我做的是頭部較尖的日本香魚，用竹刀畫出嘴巴，再做出魚鰭和尾巴，黏上練切為魚眼；為讓魚身在視覺上有焦香感，使用炙燒方式製造出斑點，再撒上糖粉做出鹽粒效果，最後插上竹籤、搭配竹葉襯底，就更像真正的烤魚了。至於「培根蘆筍」，是將白色及粉色練切混合，用捲軸式技法包入紅豆餡，再分別塑形出蘆筍頭、尾，再以炙燒方式製造微焦紋路。

創作擬真和菓子雖以逼真為目標，但顛覆人們對既定食材的認知是箇中樂趣，為些極需觀察力和技法混用，增加更多細節設計，不僅讓視覺效果更加真實，也在入口瞬間為味覺帶來更深刻的驚喜感和衝擊。

在日本，夏末初秋的香魚是最美味的時節，是旬味料理的經典代表之一。

乍看是鹹食，入口卻是甜點，讓品嚐者在視覺和味覺之間產生有趣的衝擊感受。

製作

◆材料

【外皮（單個）】
白色練切…5g
橘色練切…10g（兩個）
綠色練切…少許

【外皮（單個）】
紅豆餡…14g
寒天粉…適量

◆工具

針箸
竹刷
丸棒
星星模具（橘子蒂頭用）
棉布（微濕不滴水）
碗（裝水）
砧板

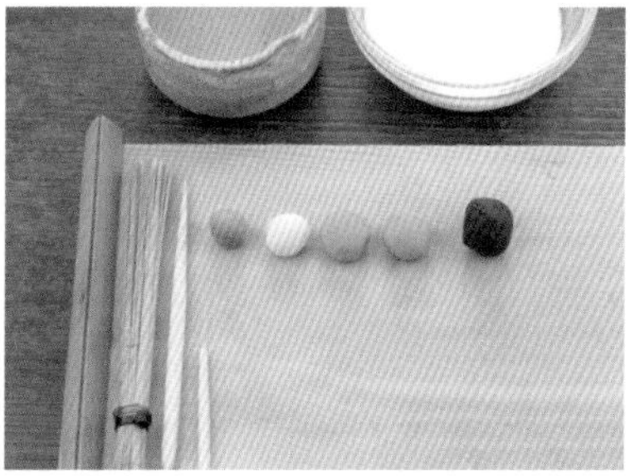

◆小技巧

製作時，讓裡面的橘色練切裏上寒天粉，能避免皮與餡黏在一起。而果皮的部分是使用竹刷做出橘皮紋理，最後續則使用針箸做出手剝果皮的真實效果。

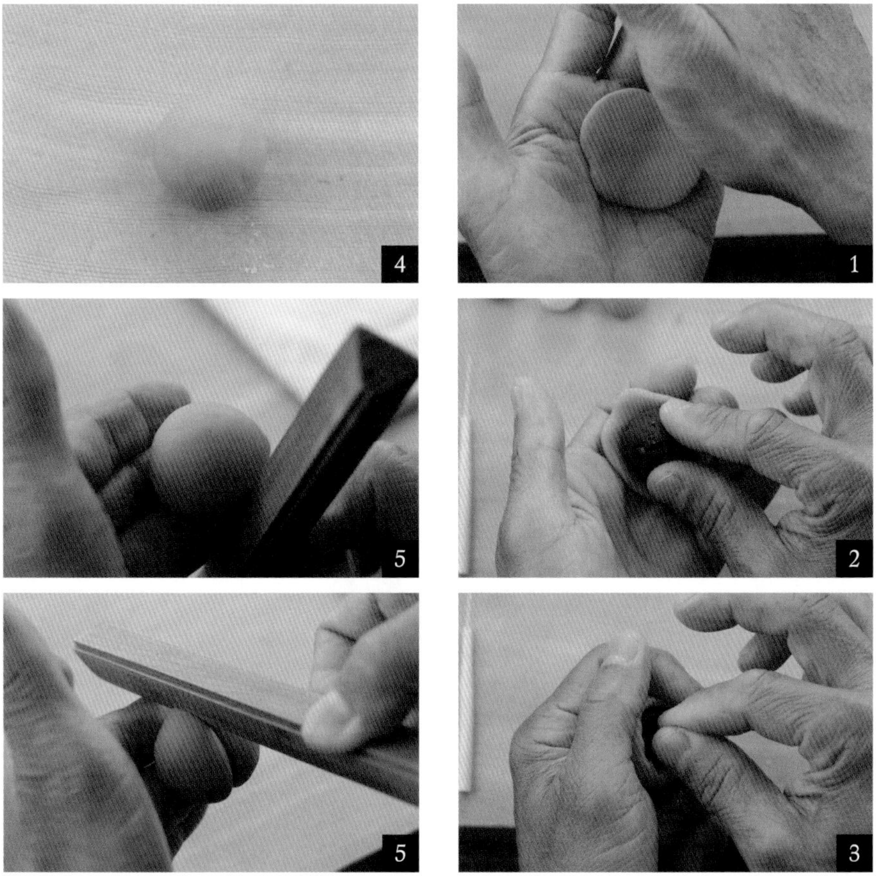

◆**做法**

1 將橘色練切壓扁。

2 放上紅豆餡。

3 左手轉動，右手推入餡，捏合收口。

4 搓成圓球狀。

5 三角棒放在圓球中央，右手往前推壓出線條，變成一半。

6 左手轉動，右手推壓出線條，做出12瓣。
7 準備一碗寒天粉，正面先沾粉。
8 翻面，均勻撒上寒天粉，備用。
9 將白色練切壓扁。
10 放上橘色練切。

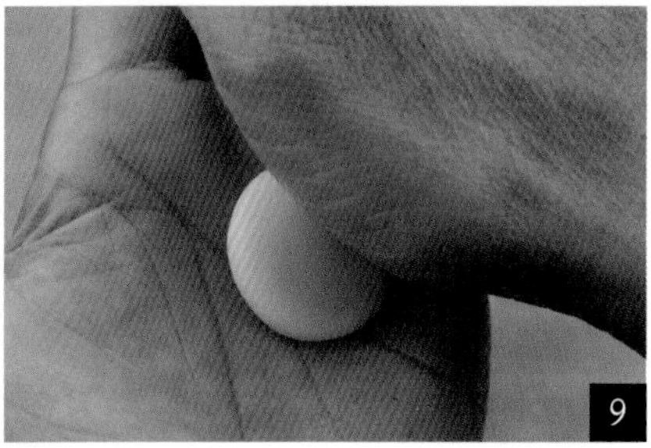

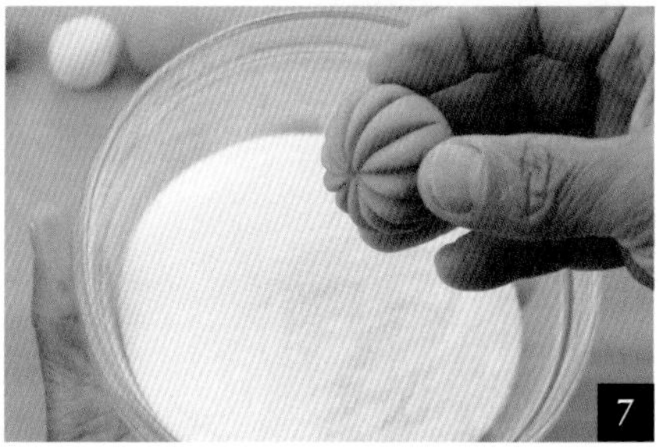

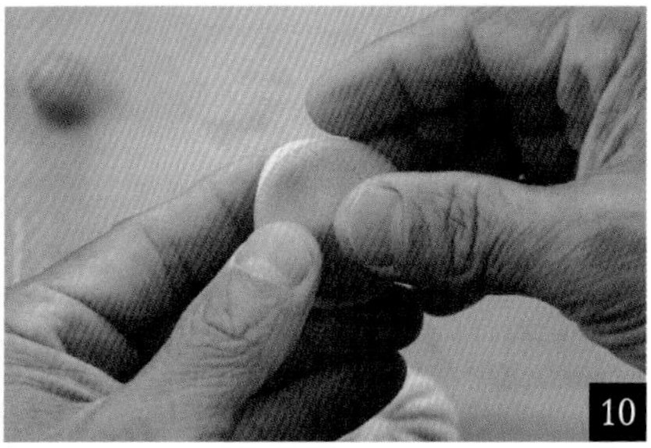

11 用虎口按壓貼合。

12 用食指和拇指將邊緣捏合在一起。

13 蓋在做法8的橘瓣上，橘色面朝外。

14 包覆後，左手圈住捏合。

15 左手轉動，右手把橘瓣推進去。

16 轉動時，用食指和拇指捏合收口。

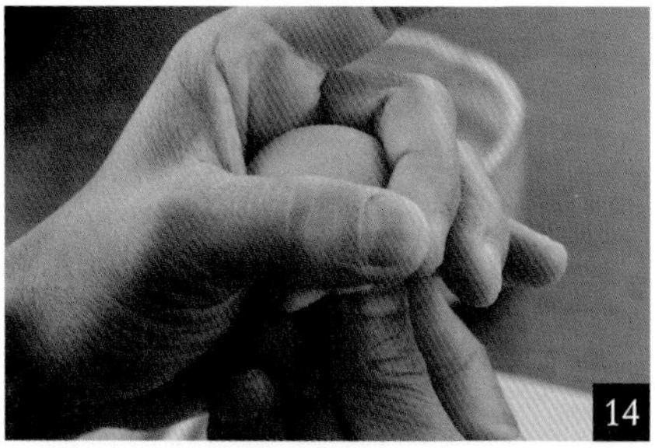
14

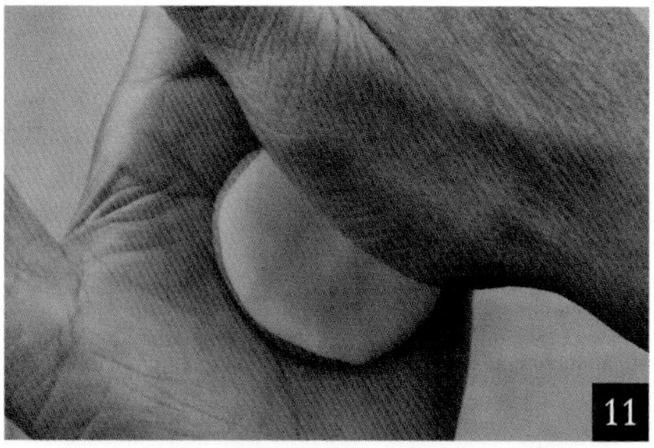
11

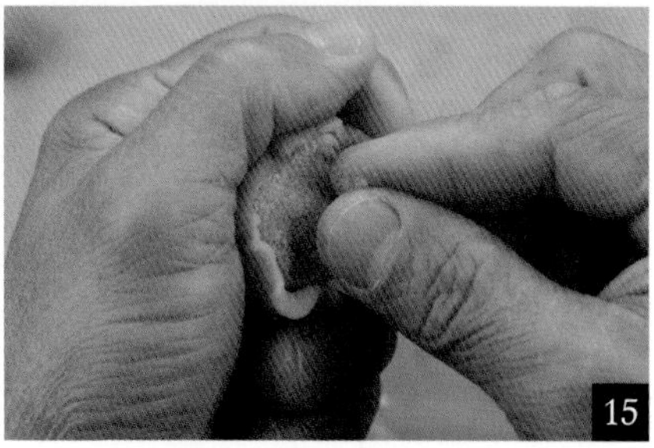
15

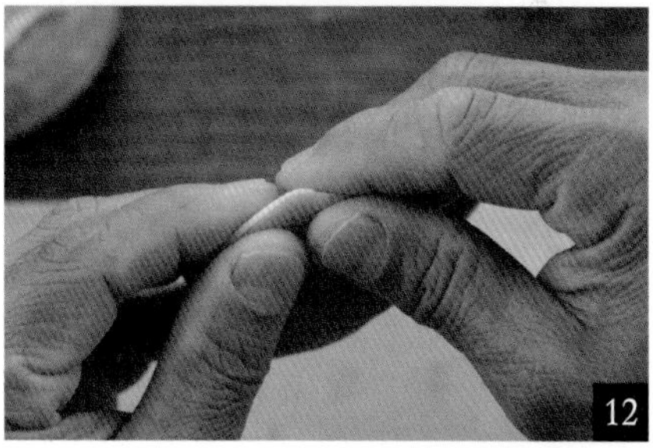
12

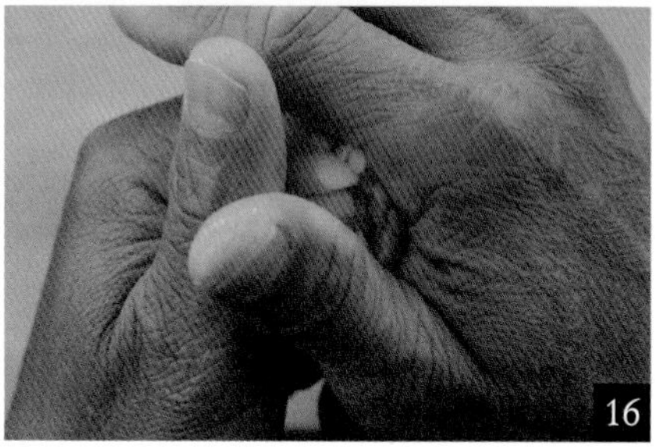
16

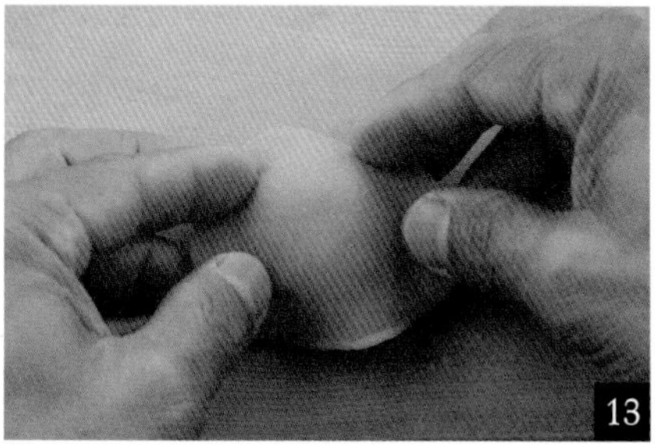
13

16 完成後轉到正面。
17 用竹刷在練切表面戳出不規則的橘皮質感。
18 用丸棒尖端戳出小洞，當成蒂頭。
19 取一小塊綠色練切，搓成水滴狀。
20 貼上當成蒂頭。

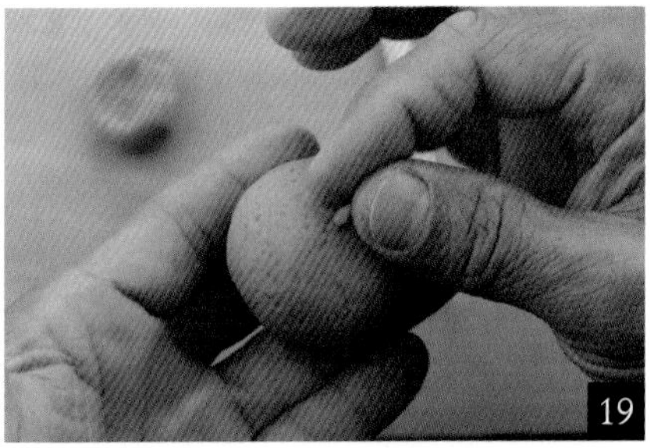
19

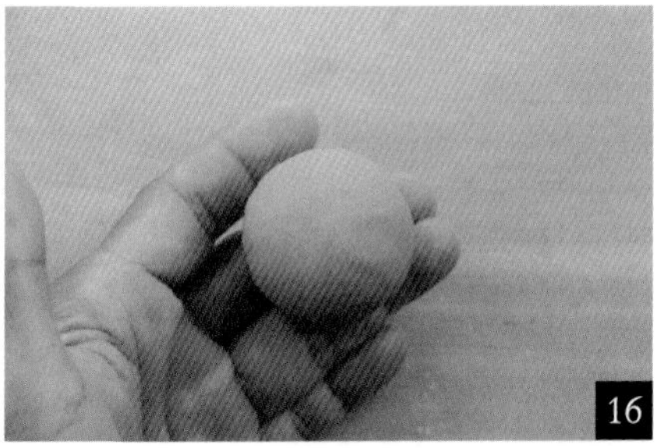
16

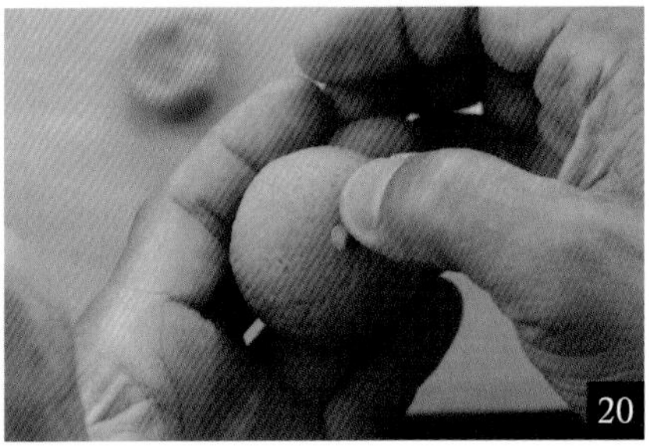
20

17

18

21 用針箸開瓣，壓出小三角形後掀開。
22 用針箸擴大掀開的範圍，呈現不規則狀。
23 完成的橘子，就像手剝開的樣子。
24 若希望再擬真一點，可自製星星狀道具。
25 取一小塊綠色練切搓圓，放在模具上。

24

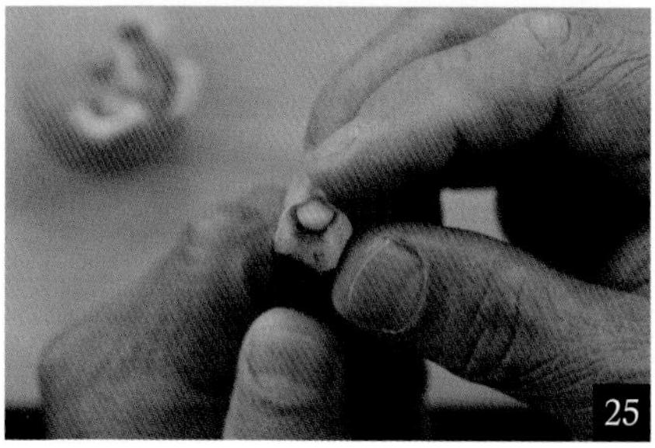
25

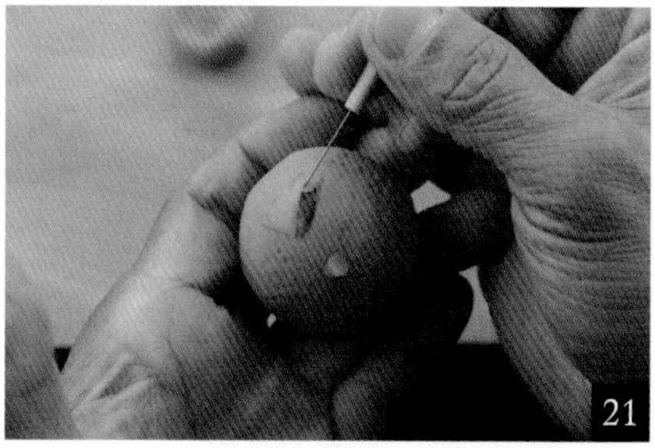
21

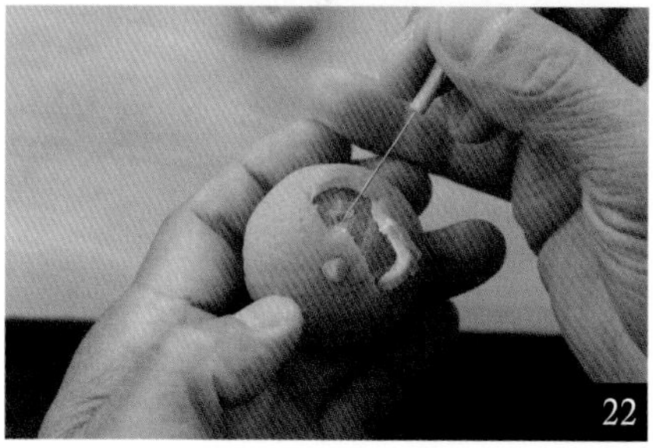
22

23

26 按壓後抹平。
27 直接蓋在橘子蒂頭上。
28 完成的橘子就像被手剝開的自然樣子。

28

26

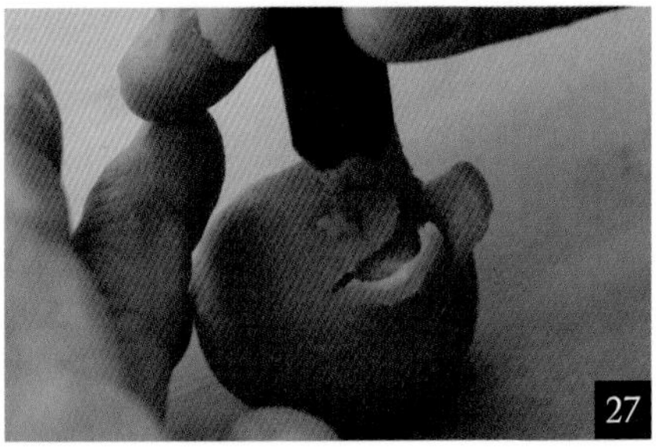
27

28

剪菊——上段式

はさみ菊

以細工剪為工具在練切上剪出花樣，依照排列邏輯的差異或不同顏色的穿插設計，可以產生各種炫幻的視覺變化，在練切上剪出有排列邏輯的細緻花瓣，是上生菓子中的一種經典技術。

上生菓子

基礎剪菊分為上段式和下段式兩種技法，必須使用特定剪刀工具——細工剪，上段式是從中間往外剪，而下段式則反過來，從下面往上剪。這技法看似很難，但主要強調的是整齊俐落，需要足夠專注力，透過多次反覆練習即可達到一定的水平，因此吸引許多愛好和菓子的朋友躍躍欲試。我的建議口訣是：「心平氣和、提神凝氣」，首要撫平紊亂的情緒，手動但是心靜，如此製作時才能理出平穩節奏，進而顯現在花瓣排列上。

剪菊和菓子的大小是一般常見和菓子的四倍之大，因此空間上有利於花瓣的佈局。理想狀態是在十分鐘以內完成製作，製作者在心緒上得有一定的平穩度，暫時拋卻一切煩惱，短暫而投入當下，完全專心一致。

基礎剪菊使用的是單一工具，因此花瓣形狀可以預期，若進入到進階的剪菊工法時，則使用針箸，綜合上下段的排列交錯剪法，就有著無限變化，花瓣會更貼近自然的風貌，凸顯出各有其角度、表情。

改變剪菊的顏色和排列方式創作出「太極」。

完成剪菊後，再用竹籤將每個花瓣戳出小洞，藉此呈現出不同質感。

製作

◆材料

【外皮（單個）】
白色練切…70g
紫色練切…30g
黃色練切…少許

【內餡（單個）】
紅豆餡…50g

◆工具

細工剪
花蕊模具
棉布（微濕不滴水）
碗（裝水）
砧板

◆小技巧

製作剪菊時，第一圈最為重要，留意靠近花芯的花瓣小且寬度一致，越外圈的花瓣則越大。手與呼吸都要呈現平穩的節奏，若同步和諧，就能顯現在花瓣排列上。

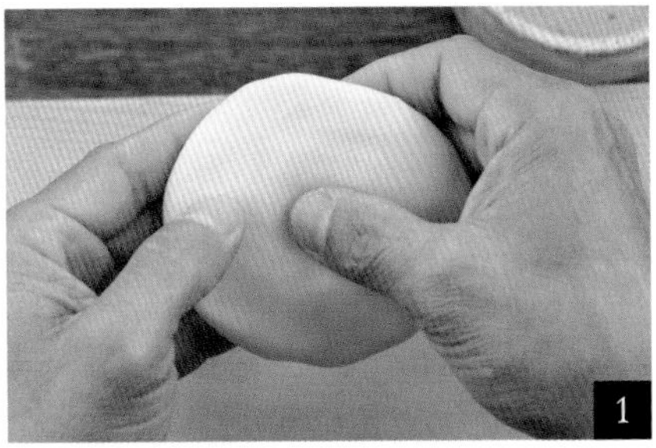

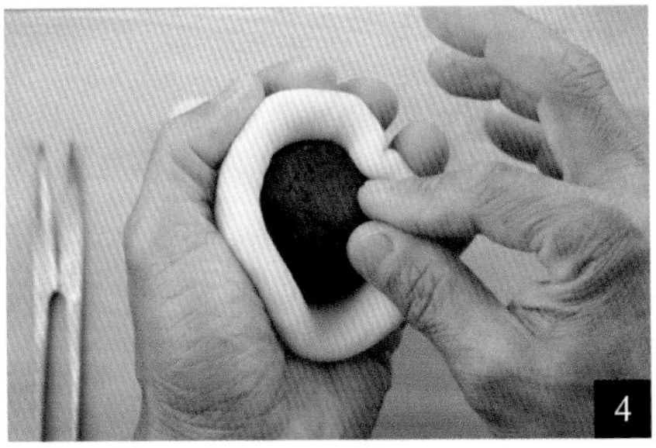

◆做法

1　取白色練切壓扁成圓片，用拇指在中心點輕壓，使其薄一點，這樣漸層色才明顯。

2　放上紫色練切。

3　用食指和拇指壓按，和白色練切貼合在一起。

4　放上紅豆餡後捏合收口。

5　用掌心和掌根把練切整圓，此時白色練切會隱約透出紫色。

6 用花蕊模具對準中心，壓出圓形痕跡。
7 沿著小圓圈下刀，剪出小三角形後微微提起。
8 剪小三角形時，彼此相連，接下來的動作要快且連續。
9 完成第一圈，每剪幾刀，在略濕的棉麻布上擦拭刀尖。
10 第二圈下刀時，位置是在兩個小三角形中間。
11 剪出花瓣後，剪刀稍微往上提拉，完成第二圈花瓣。

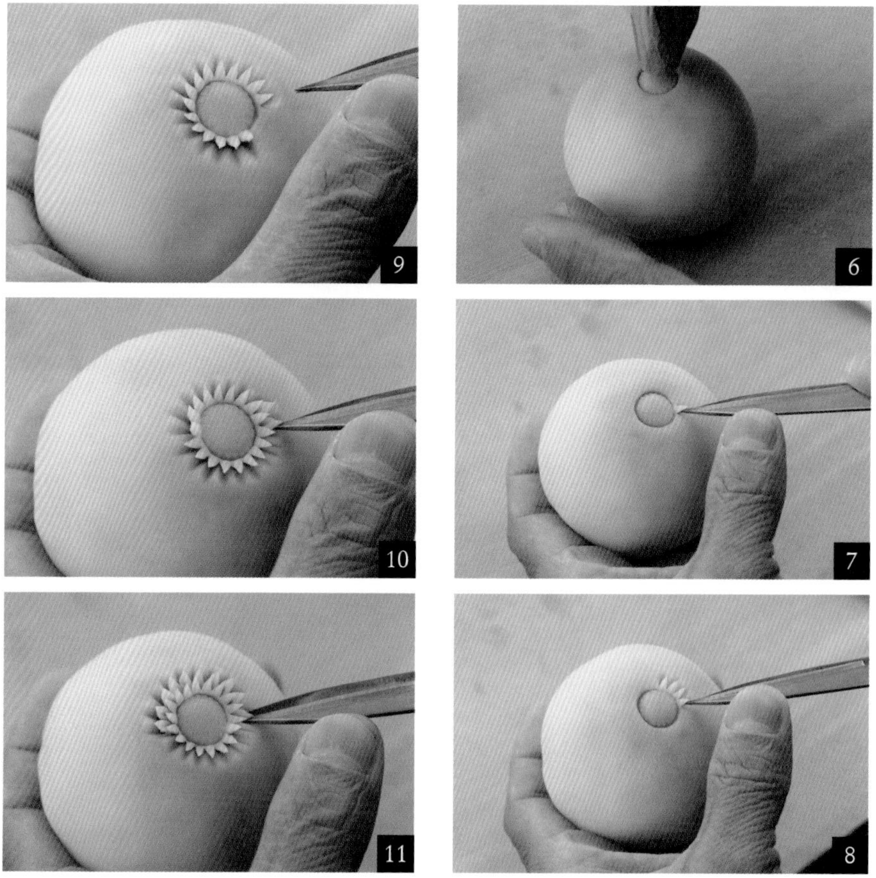

12 取一小坨黃色練切，按壓在花蕊模具上。

13 往下壓印中心成花蕊。

14 第三圈下刀時，先在上一圈的兩個花瓣中間壓一條線。

15 位置一樣在兩個花瓣中間，花瓣要剪大一點。

16 接續往下完成每一層，花瓣都要比上一層略大一些。

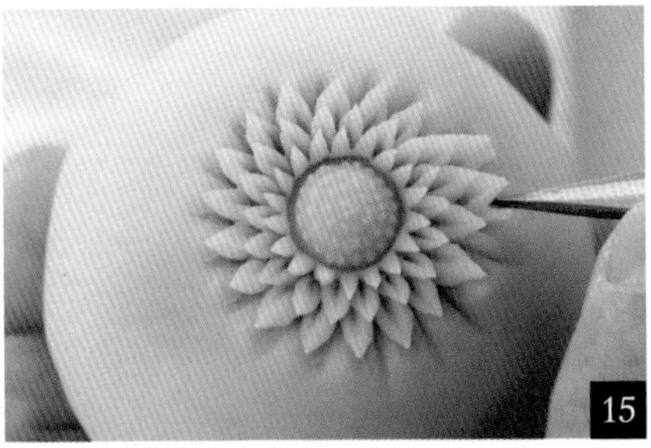
15

16

16

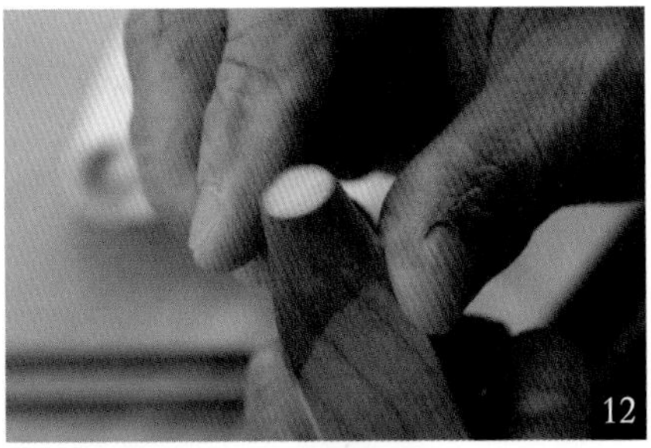
12

13

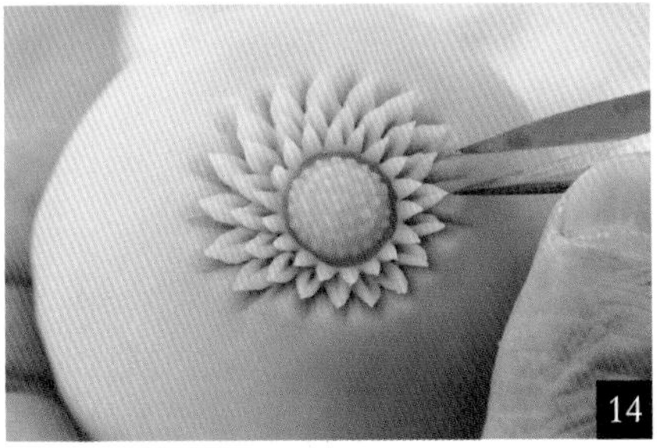
14

17 下刀時，留意花瓣每一層得上下相連成有弧度的放射狀。
18 越下層的花瓣越大，但仍要對齊。
19 完成的剪菊，越上層是淺紫色，越下層是白色。
20 俯視時，是螺旋放射狀。
21 側看時，每層花瓣是交錯的。

19

17

20

18

21

18

剪菊還可加上針箸技法，會使花瓣更生動活潑，雖然視覺上比較亂，但更接近真花姿態。

剪菊——下段式

はさみ菊

上生菓子

隨著花瓣的多寡、細膩度會呈現不同紋路，
下段式的方向和排列則會做出不一樣的視覺感受，
製作剪菊時，速度更是極重要的關鍵，
唯有不斷練習才能讓練切保有最佳口感。

製作

◆材料

【外皮（單個）】

黃色練切…50g

橘色練切…50g

【內餡（單個）】

紅豆餡…50g

◆工具

細工剪

棉布（微濕不滴水）

碗（裝水）

砧板

◆小技巧

下段式的剪菊是由下往上剪，所以花瓣是由大到小的排列方式，一樣需留意每一圈的三角形寬度大小需一致，並於十分鐘內完成。剪菊時，若覺得剪刀變黏，務必要用微濕棉布擦拭乾淨，再繼續剪。

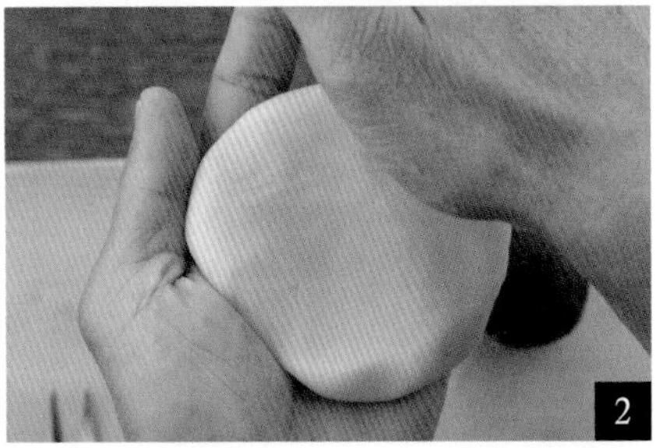

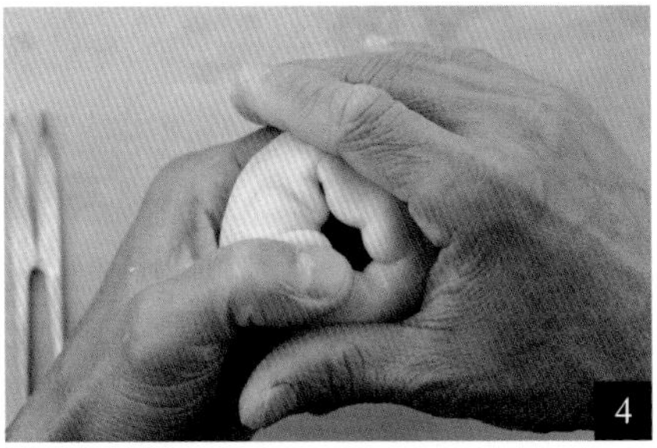

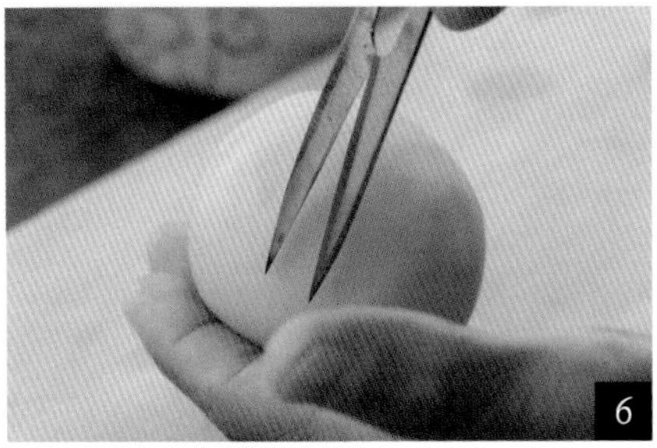

◆做法

1 取黃色練切壓扁成圓片，放上橘色練切。

2 用食指和拇指壓按，和黃色練切貼合在一起，壓成圓片。

3 放上紅豆餡。

4 左手轉動，右手掌心和虎口捏合收口。

5 用雙手掌心和虎口把練切整圓。

6 和上段練切相反，從底部開始剪。

7 先剪出大三角形，接下來的動作要快且連續。

8 讓大三角形彼此相連，剪完第一層，每剪幾刀，若覺得剪刀變黏，可在略濕的棉麻布上擦拭刀尖。

9 第二層下刀處，在兩個大三角形的中間。

10 完成第二、三層，三角形越來越小，俯視時需是螺旋線條。

11 完成第四層，三角形更小。

12 從第五層開始，剪的形狀偏菱形。

10

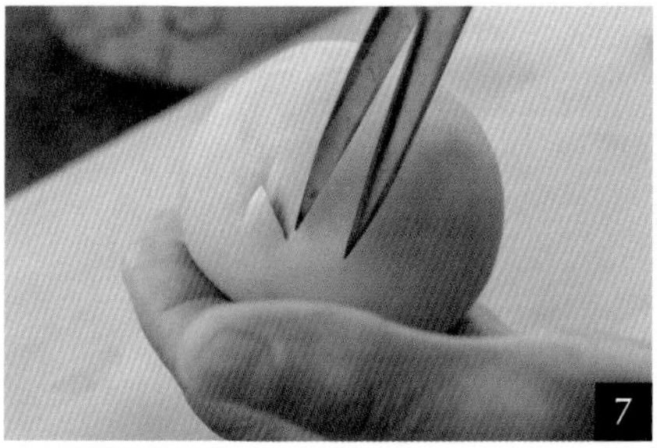
7

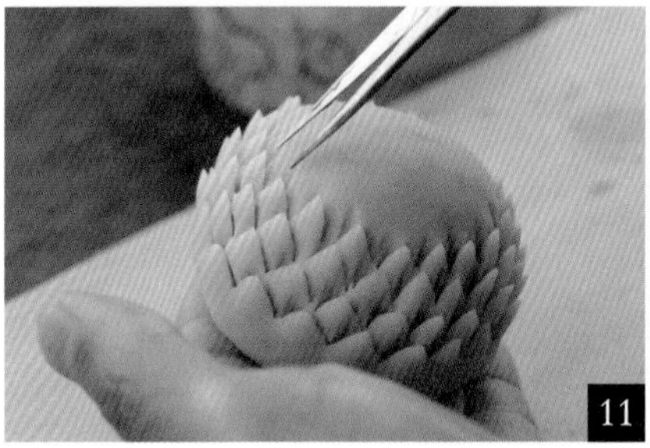
11

8

12

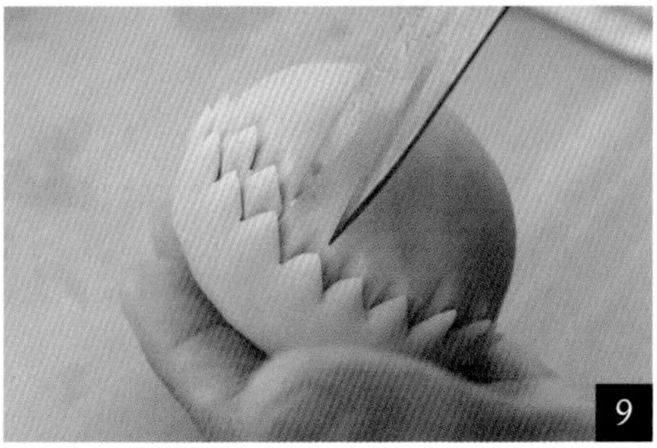
9

13 完成第六至九層，剪的形狀越來越細窄，下刀後提起。

14 完成最頂端的部分。

15 俯視時，是螺旋放射狀。

16 側看時，每層花瓣是交錯且往上包覆的。

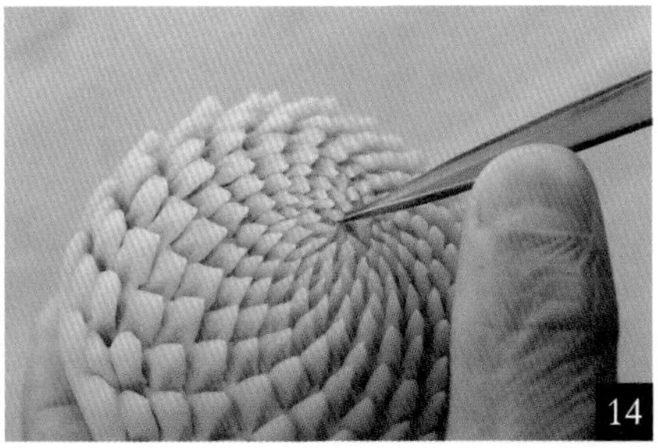
14

13

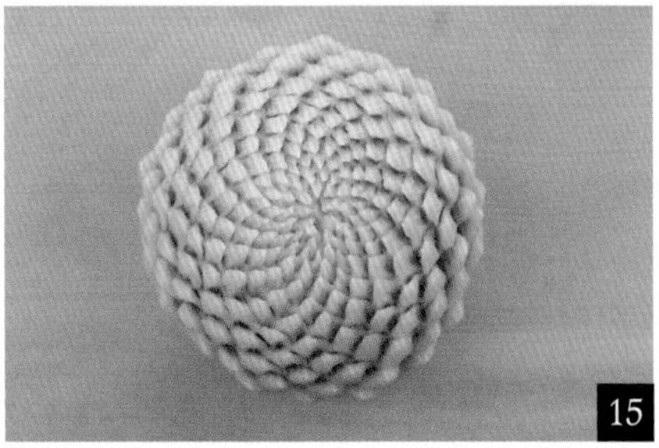
15

13

16

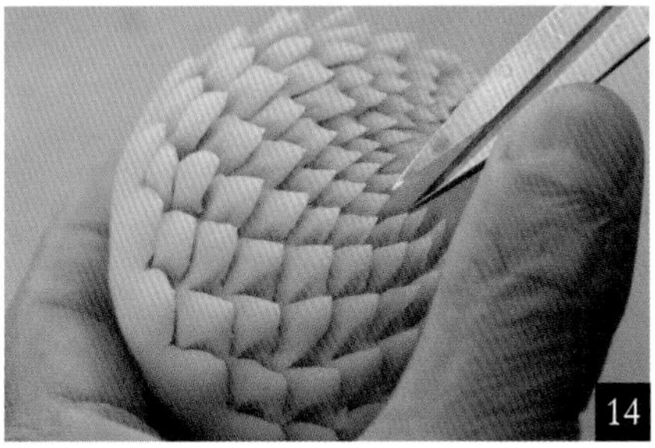
14

和菓子之心

枇杷——外郎

びわ

我以台灣春季到夏季盛產的枇杷為主角，
用外郎的技法來詮釋，
做到以視覺帶領味覺的境界，
枇杷果皮的透明感是視覺重點。

上生菓子

外郎製成的上生菓子嚐起來有如麻糬般Q軟彈牙，和練切製的上生菓子的綿密口感不同，在和菓子的世界中自成一格；但它的可塑性又如同練切一般，有著豐富多元的表現方式。

白豆沙與白玉粉的結合形成了練切，而外郎的成分則相對複雜，需混合糯米粉、上新粉、白玉粉精心調配，才能打造出入口既有麻糬般的彈性，又能瞬間化口的效果。完美的外郎應該在茶師刷抹茶的一分鐘內迅速化掉，僅留下一抹香甜，這種轉瞬即逝的口感體驗，亦是品嚐外郎的精髓所在。

這款「枇杷」以逼真的視覺效果擄獲人心，透亮的果肉質感藉由外郎的特性展露無遺。除了枇杷，製作成「白桃」也很適合，先將外郎塑出桃形，再沾上防潮寒天粉，創造出桃子表皮毛茸茸的幼嫩感，再放上練切葉子。

除了水果主題，我還創作過「水球」及「雪兔」。在圓球形狀的外郎澆淋上錦玉羹，呈現出亮亮的表面，再把白豆沙羊羹染色，剪成彩色細線再貼上，就是可愛的水球，水球是日本夏日祭典聯想的意象之一。「雪兔」作品的發想則來自於日本人在下雪的季節會堆雪兔，人們把葉子當耳朵，放上紅色小果實當成兔子眼睛放在潔白雪球上。我用白豆沙羊羹染色製作出綠葉和紅果實，輕放在晶亮雪白的兔子外郎上，打造出可愛的冬日印象。

利用外郎微帶透度的特質，做出水球表面光滑微透的質感。

晶亮雪白的兔子外郎沾上片栗粉，做出毛茸茸的樣子。

外郎白桃有著毛茸茸的果皮。

製作

◆材料

【外皮（約做16個）】
上白糖…150g
上新粉…87g
白玉粉…22.5g
葛粉…10.5g
水…200g
紅麴紅、梔子黃、綠色食用色素
防潮寒天

【內餡（16個，單個15g）】
白豆餡…15g

◆工具

打蛋器
篩網
大碗
蒸鍋、蒸籠
棉布
電子秤
細工剪
有高度的容器（盛裝粉類）
毛刷
小竹棒

◆小技巧

相較於練切大多是凸顯出作品的鮮豔感，外郎則可以呈現柔軟質感，還帶有微微透度，特別適合表現果肉質感。我將橘色與綠色外郎結合，做出漸層，再將枇杷底部的橘色果臍剪開，透出綠色，這是橘與綠的細膩漸變效果。在外郎的審美範疇裡，還包含花卉主題，亦能以內斂而高雅的方式回應著四季的更迭。

1

2

3

4

5

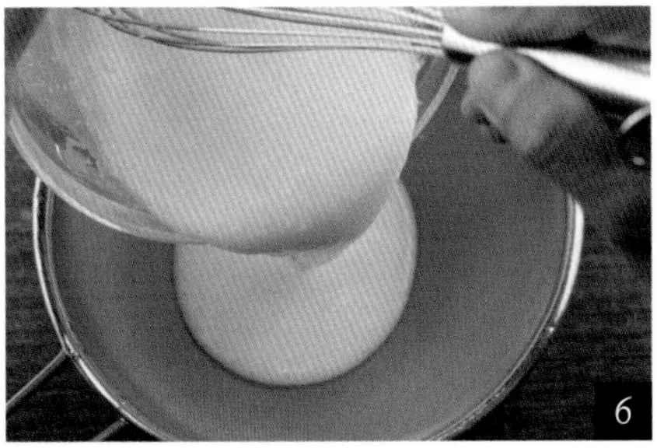
6

◆做法

1 準備上白糖，倒入上新粉。

2 倒入白玉粉。

3 倒入葛粉。

4 倒入水。

5 用打蛋器攪拌均勻。

6 用篩網過篩。

7　完成的粉漿，分成兩份。

8　其中一份滴入綠色食用色素，攪拌均勻。

9　另一份先滴入紅麴紅食用色素，攪拌均勻。

10 再滴入梔子黃食用色素。

11 攪拌均勻成橘黃色。

12 倒入鋪有棉布的蒸鍋中。

13 綠色粉漿也倒入鋪有棉布的蒸鍋中。待蒸鍋的水滾後，以大火蒸15分鐘，一層放一個顏色，一起蒸熟。

14 蒸好的粉漿，趁有熱度時就開始摺。

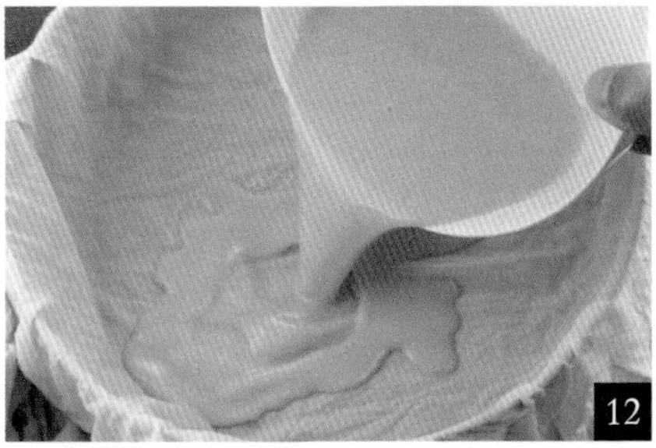

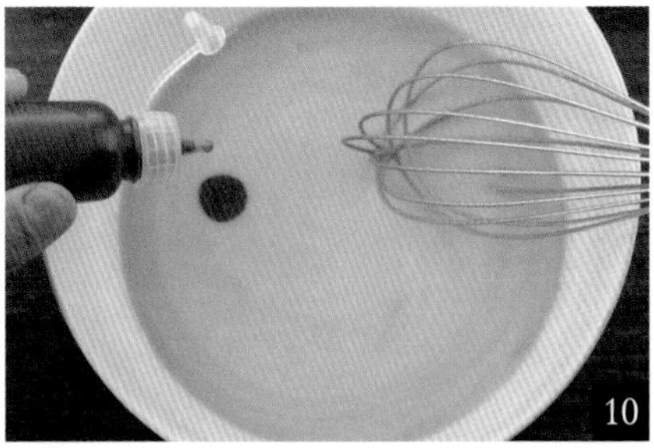

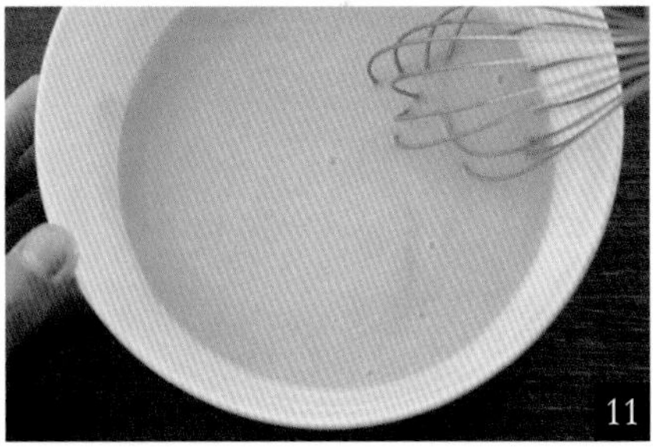

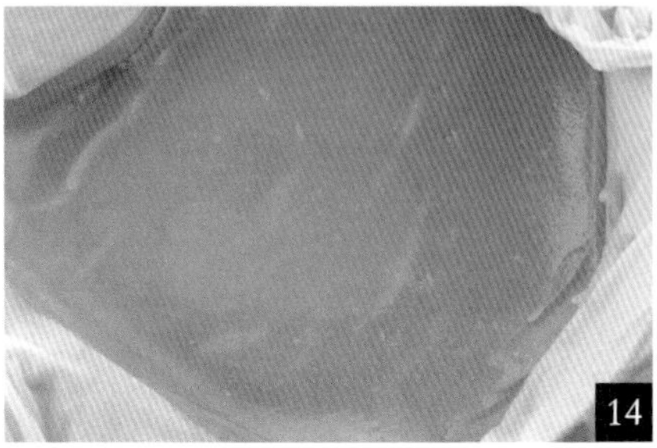

15 準備冰塊水，手沾點冰水。
16 雙手用棉布按壓，翻摺成團。
17 完成兩種顏色的粉團。
18 橘色外郎取21g。
19 綠色外郎取3g，另外取1g綠色外郎做蒂頭。。

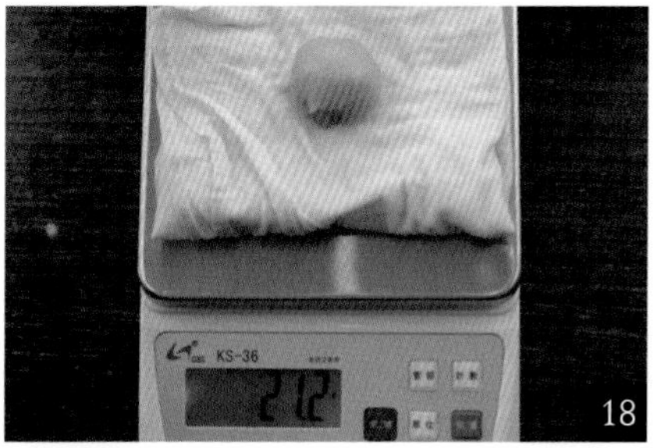
18

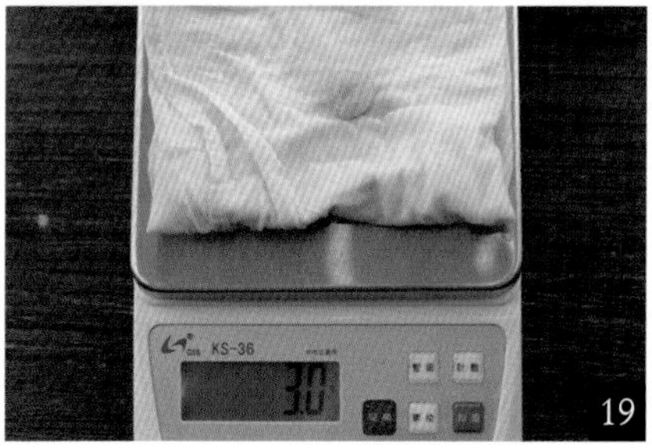
19

15

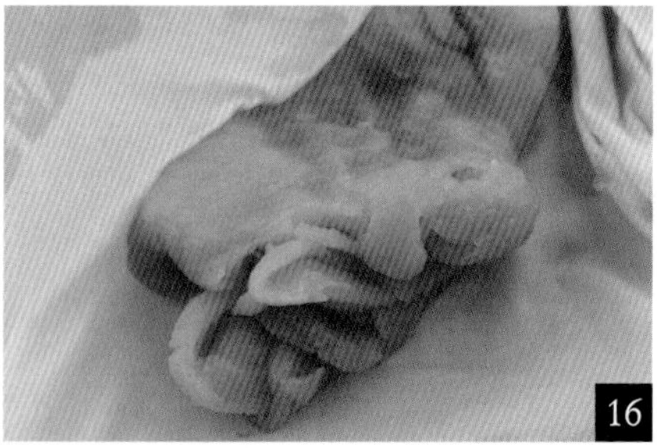
16

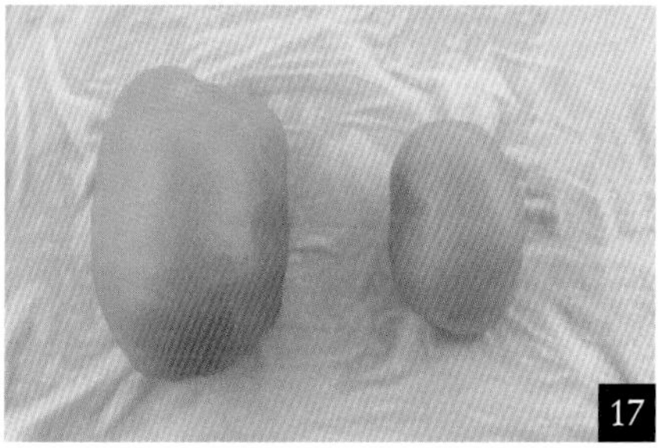
17

20 將橘色外郎揉成圓形。

21 用竹棒沾點冰水，在橘色外郎上壓出凹槽。

22 放上綠色外郎，壓扁黏合，揉合綠和橘色成漸層。

23 放上白豆餡。

22

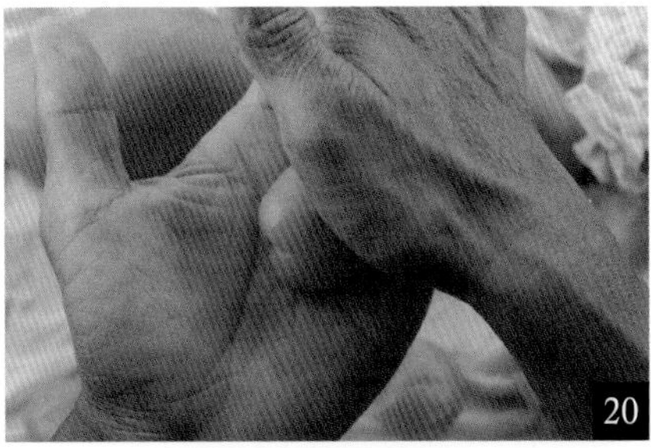
20

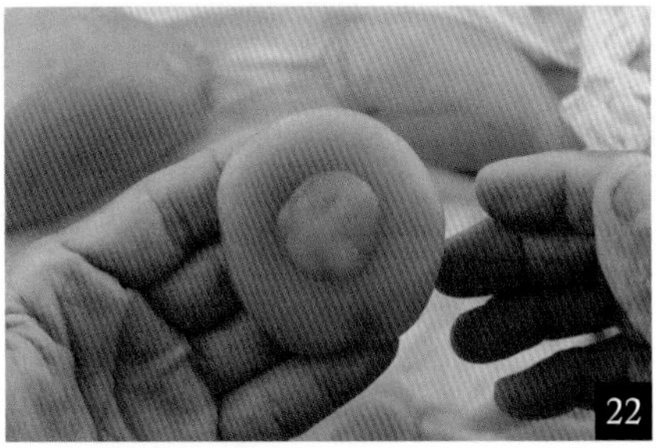
22

21

23

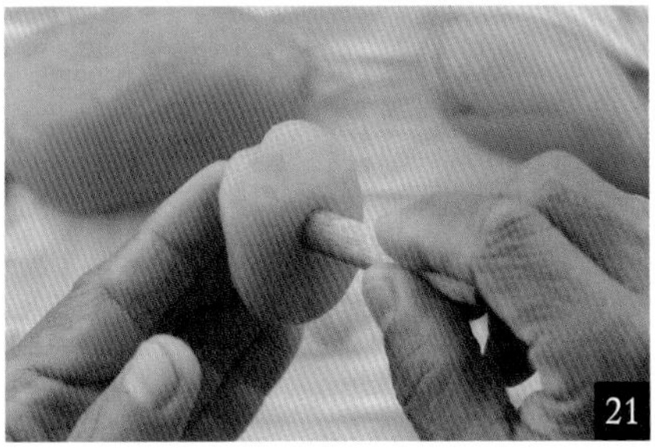
21

24 另外取一小小塊綠色粉皮搓小條，當成蒂頭。
25 揉成一端圓、一端尖的枇杷形狀。
26 取一個有點高度的容器，倒入防潮寒天，備用。
27 放入容器中。

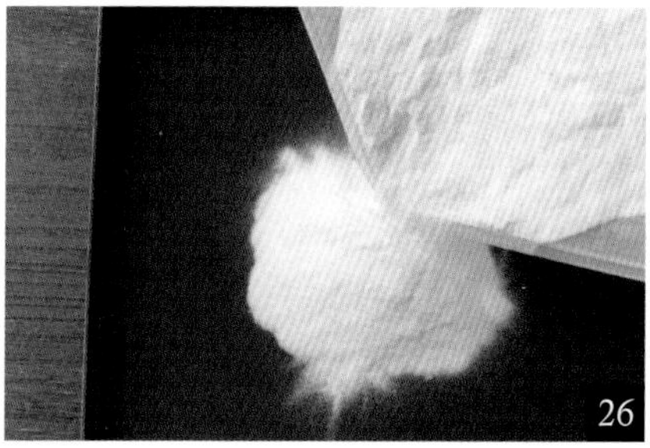

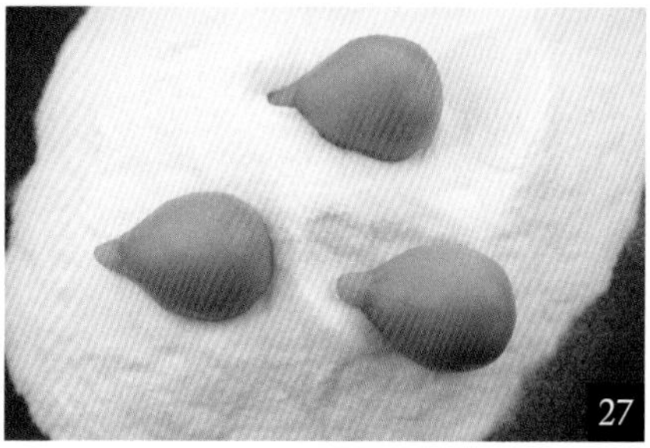

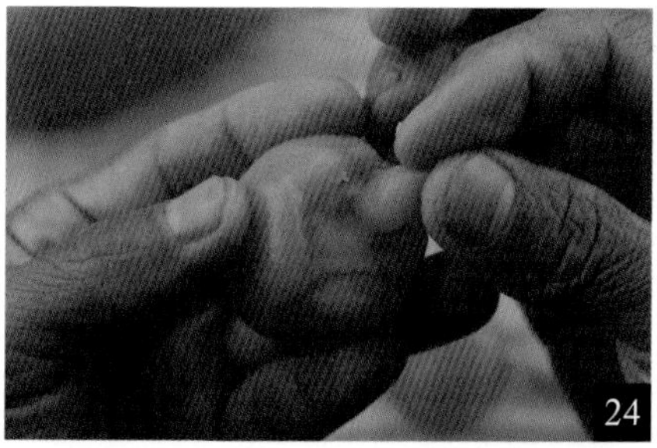

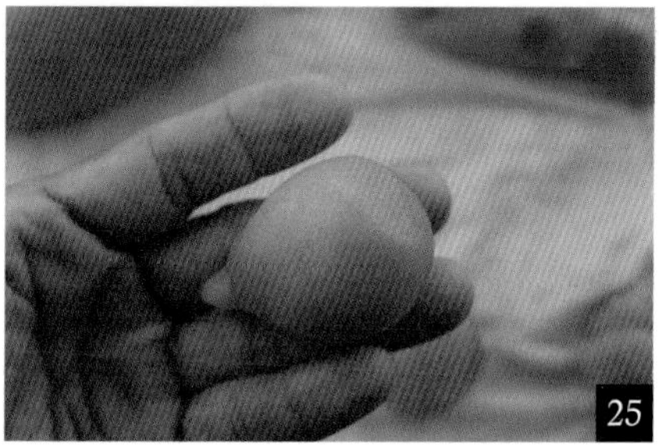

28 撒上防潮寒天。
29 用軟毛刷去除多餘的粉。
30 最後用剪刀剪出小三角形。
31 共剪五個，每個小三角形相連。
32 完成的枇杷底部有著橘與綠的漸變效果。。

31

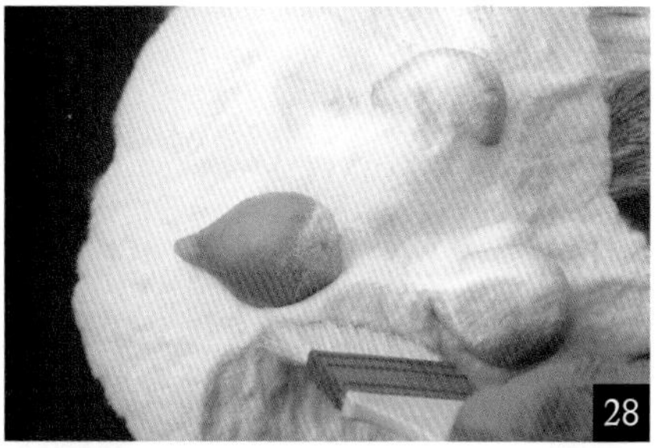
28

32

29

32

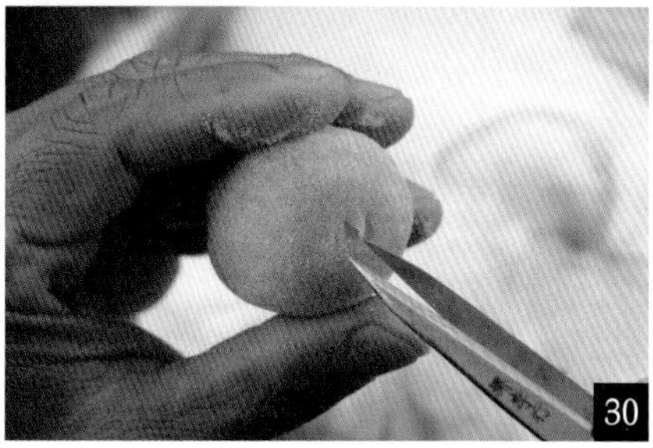
30

第四章

WAGASHI

其他類和菓子技法

和菓子的種類繁多，
例如半生菓子、流菓子、餅菓子等，
各種技法及變化都有其韻味，
在此章分享給大家。

和菓子之心

紅葉——琥珀糖

こうよう

晝夜的溫差訴說著季節的變化，
山林中成群的楓葉林是調色盤，
帶著寒意的秋風是神奇的畫筆，
揮灑出最美麗的秋色。

製作

◆材料

上白糖⋯600g
砂糖⋯350g
ZR粉寒天⋯20g
水⋯600g
紅麴紅、梔子黃食用色素

◆工具

不鏽鋼盆
刮刀
電子秤
保鮮膜
筷子
刀子
砧板
豆腐模具
楓葉模具

◆小技巧

這款琥珀糖需要同時有紅、橘、黃的交錯漸層，而非單色。染色時，需要使用筷子把染料輕壓進糖漿裡，過程中得不停攪拌，以免糖漿滲入空氣而形成糖化顆粒，會影響口感。染色時要把握「黃金三十秒」，因為紅、黃食用色素的比重不同，得施加一點壓力，從糖漿半凝固狀態滴入色素之際抓緊時機，我嘗試多次後發現若在三十秒內完成，最容易染出理想佳作。

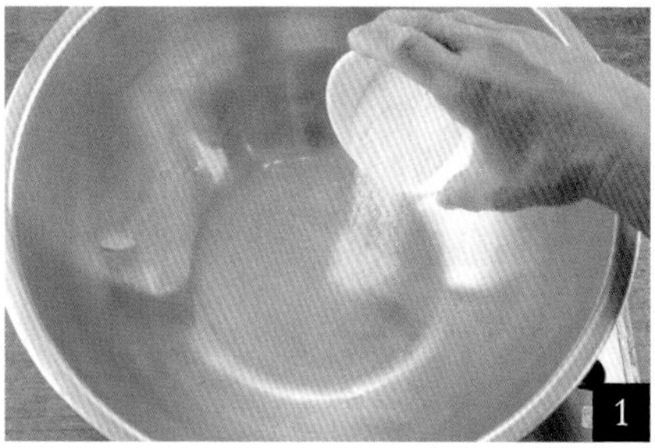
1

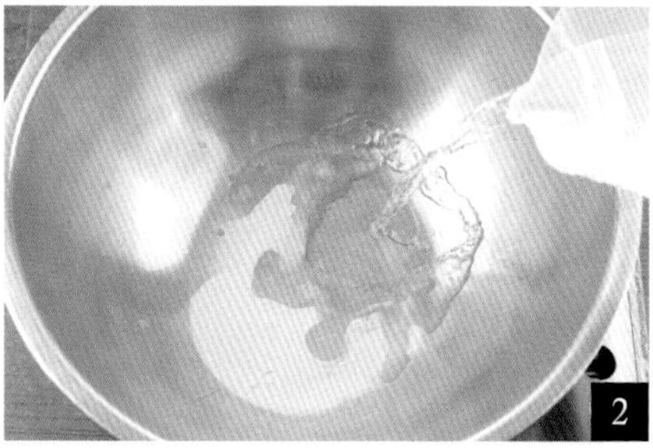
2

3

4

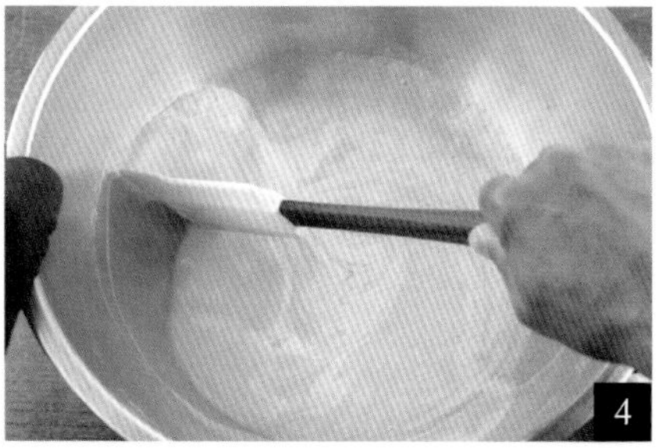
4

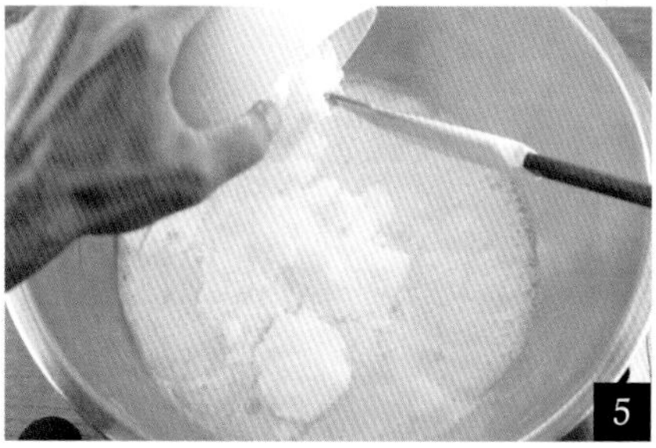
5

◆做法

1 在鋼盆裡倒入ZR粉寒天，放上爐子。

2 倒入水，轉小火煮。

3 用刮刀拌勻至溶解。

4 刮拌鍋底和邊緣，煮至水滾。

5 倒入上白糖。

6 倒入砂糖。
7 持續攪拌成偏白液體，糖漿熬煮後水分會蒸發，必須達到2080g，才會形成結晶外殼，若秤完過重的話，請繼續煮至標準重量。
8 將煮好的糖漿全部倒入豆腐模具。
9 覆上保鮮膜。

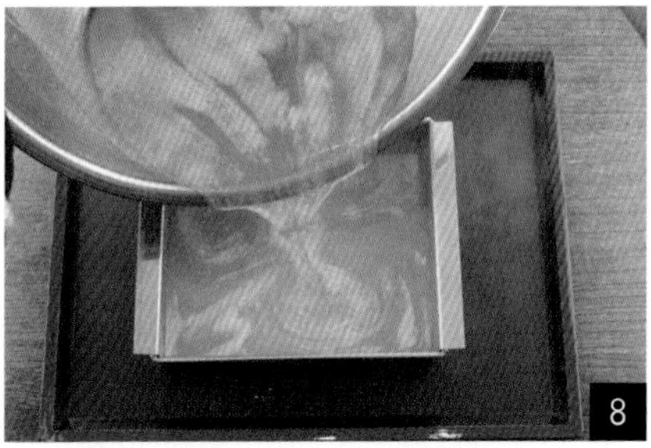
8

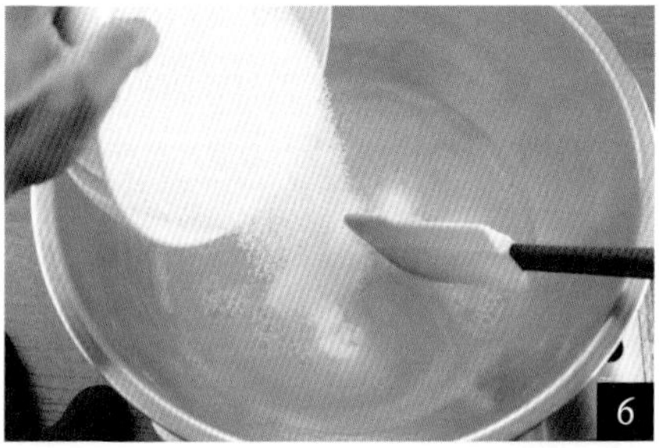
6

9

7

7

10 捲起保鮮膜，仔細將表面浮沫吸起來，重覆數次。

11 滴入紅麴紅、梔子黃食用色素的最佳時機點是，當模具兩側摸起來燙手但不受傷的溫度，大約70至80°C，此時才能滴入色素。

12 用筷子慢慢把顏色壓入糖漿中，切忌過多攪拌。

13 輕輕畫出線條及雲霧感，把顏色暈在一起。

10

10

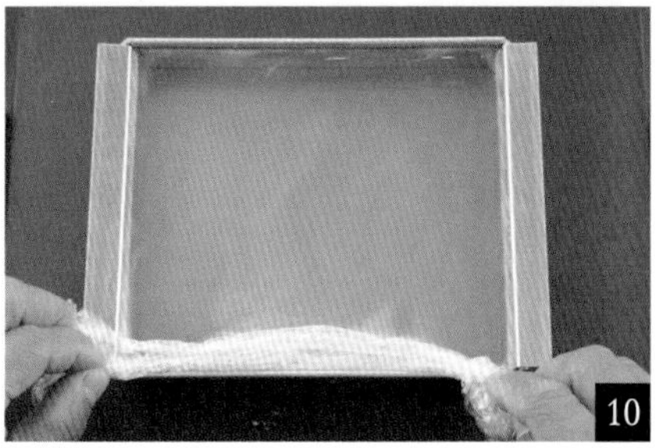
10

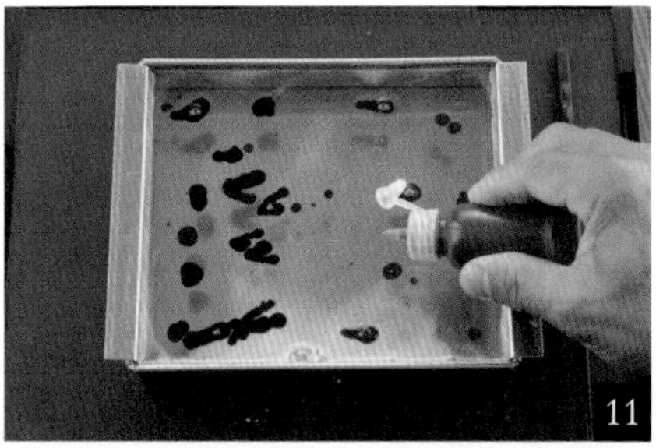
11

12

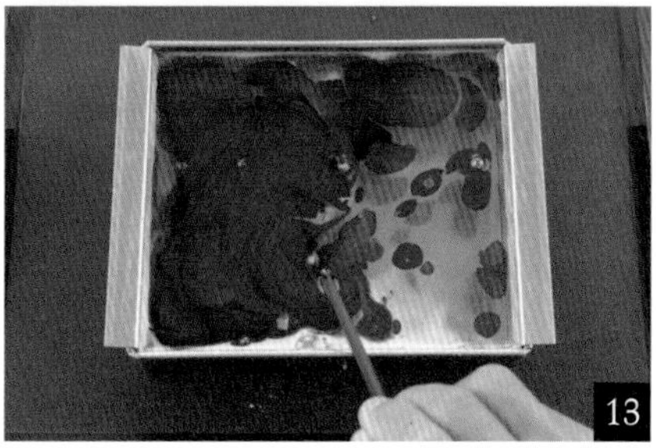
13

14 做出流動的線條感，有深有淺。
15 在常溫下放一晚至定型。
16 用刀子劃一下模具四周。
17 即可輕鬆脫模。

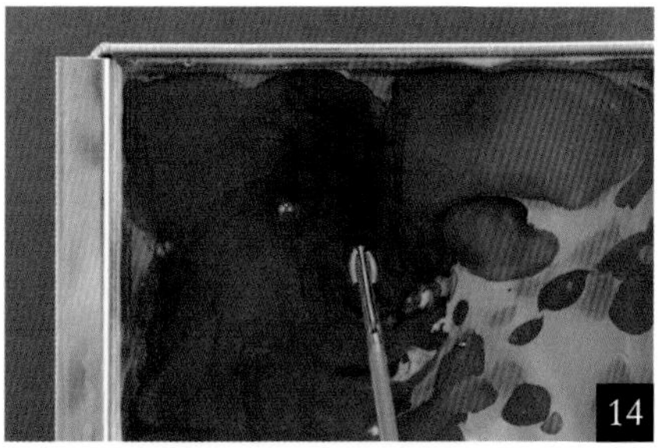

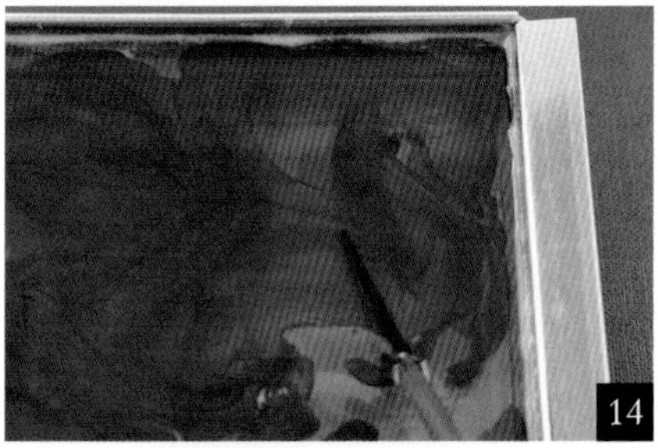

18 切成0.7 ～ 0.8cm薄片。

19 薄片側面帶有雲霧般的線條感和透明度。

20 用模型小心壓出楓葉形狀。

21 用小拇指輕輕取下琥珀糖。

22 取下數個深淺不同琥珀糖，放在乾燥通風處，風乾兩至三天，待其形成不黏手的霧面外殼（實際風乾天數視製作者當下的季節、環境溫濕度而定，亦可使用果乾機，以最低溫烘乾），成品的口感是外殼脆、內Q軟。

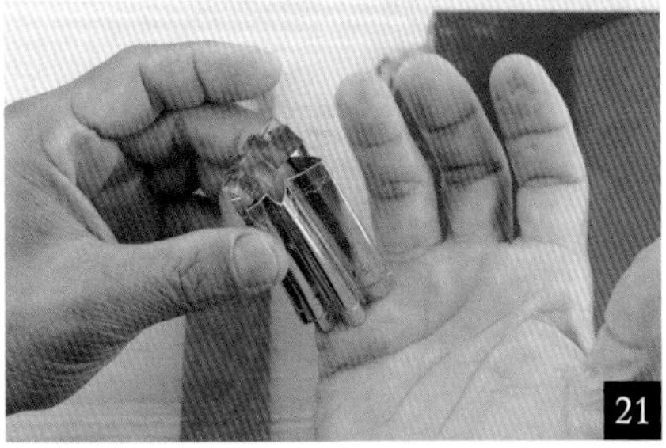
21

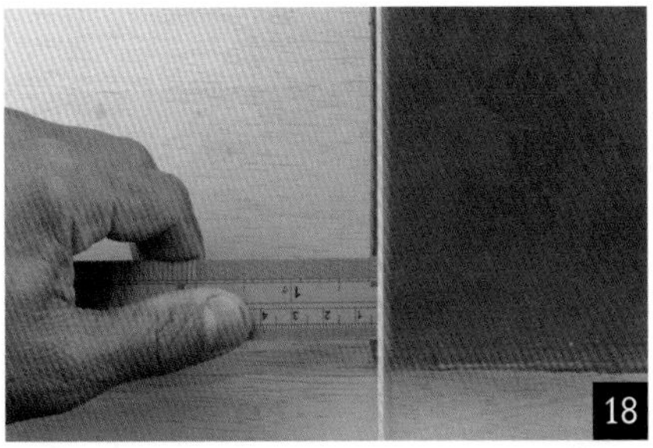
18

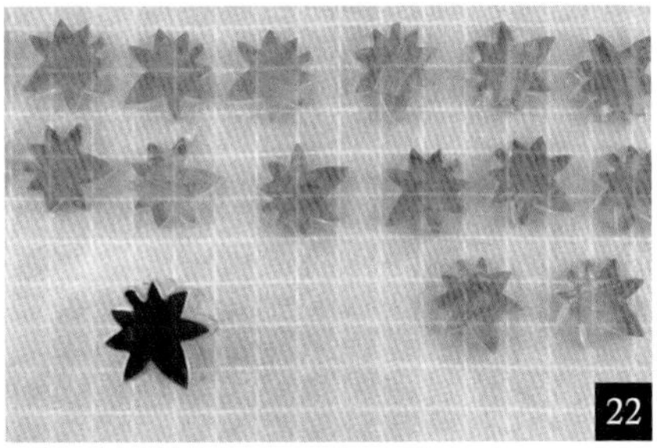
22

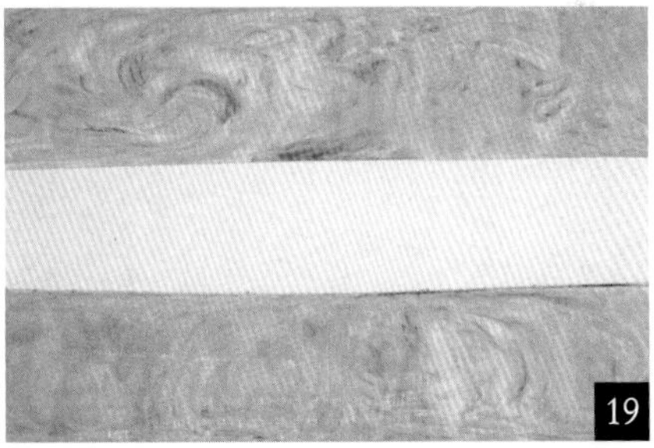
19

20

和菓子之心

櫻吹雪——寒冰

さくらふぶき

櫻滿開的最高巔峰，
感受到一陣溫暖的春風吹過，
粉色花瓣漫天飛舞，
經典的櫻吹雪美麗又浪漫。

製作

◆材料

砂糖…1125g
ZR粉寒天…7.5g
水…480g
蘿蔔紅食用色素

◆工具

不鏽鋼盆
刮刀
木棍
保鮮膜
長尺
刀子
筷子
砧板
豆腐模具一板
櫻花模具

◆小技巧

寒冰和琥珀糖的成分比例接近，但寒冰的糖分略高一點。製作時，在染色前要先攪拌，將空氣打入糖漿中，使其呈現不透明的乳白色。「櫻吹雪」風乾後，成品的邊緣顏色比中心處要淺，形成自然的漸層效果。攪拌的動作會改變糖漿的物理性質，使得寒冰與琥珀糖的口感大不相同，寒冰入口即化，琥珀糖則是表面脆口，內部Q軟；兩者是截然不同的口感體驗。

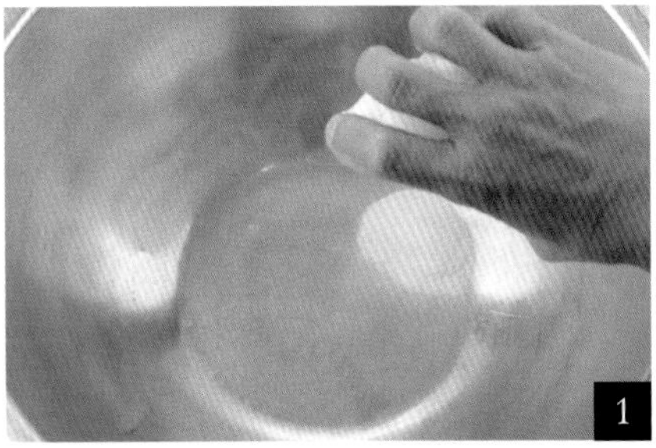

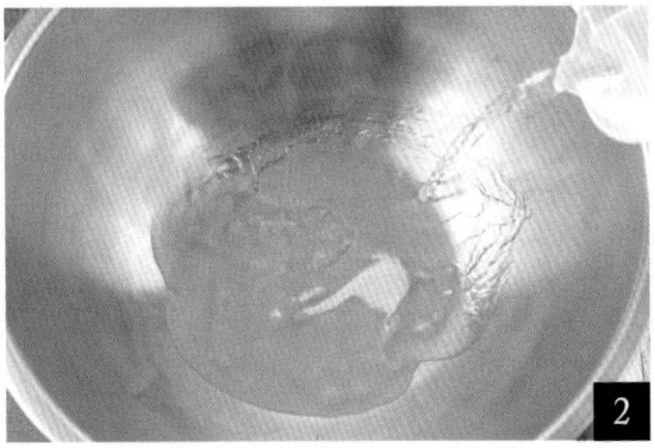

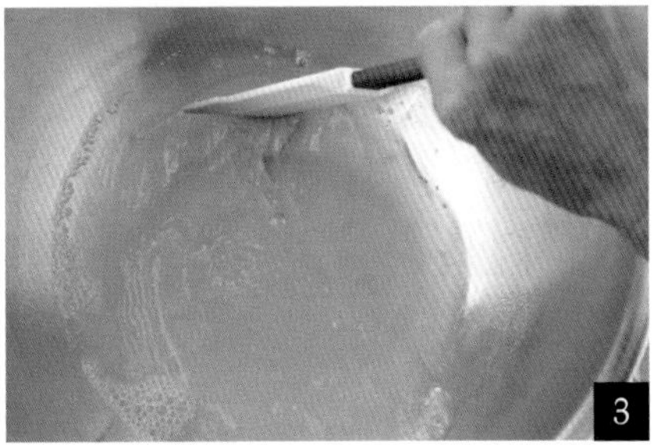

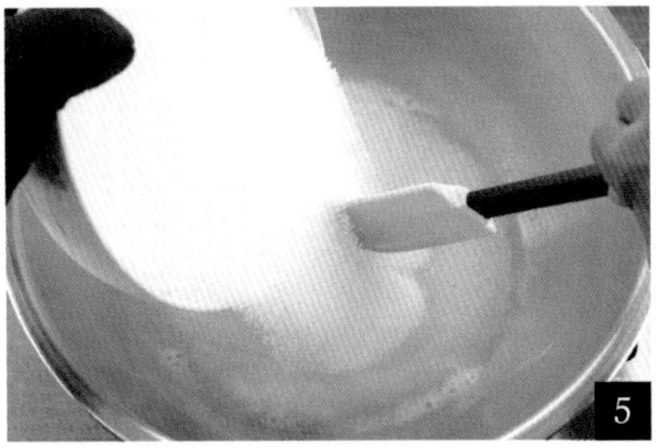

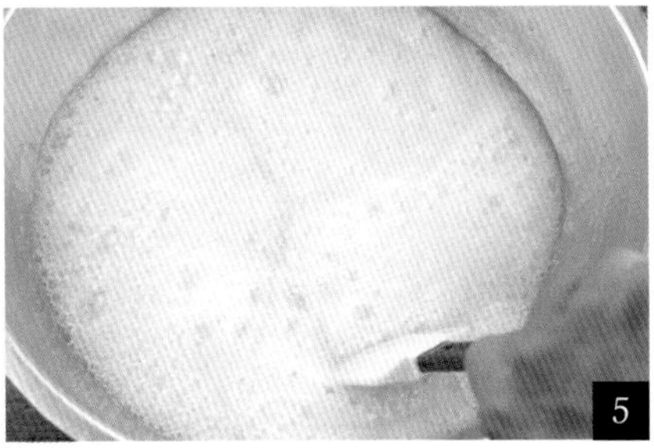

◆做法

1 在鋼盆裡倒入ZR粉寒天，放上爐子。

2 倒入水，轉小火煮。

3 用刮刀拌勻至溶解。

4 持續攪拌，需用刮刀不斷刮鍋底和邊緣，避免煮焦。

5 倒入砂糖，持續攪拌成偏白液體，糖漿熬煮後水分會蒸發，必須達到2190g，才會形成結晶外殼，若秤完過重的話，請繼續煮至標準重量，以免糖漿過濃而無法順利入模。

6 用木棍攪拌液體變成濁白色。
7 滴入蘿蔔紅食用色素，途中不可停下，趁液態時攪拌。
8 調製成均勻的粉色即可。
9 倒入豆腐模具一板。
10 在常溫下放一晚涼至定型。

8

6

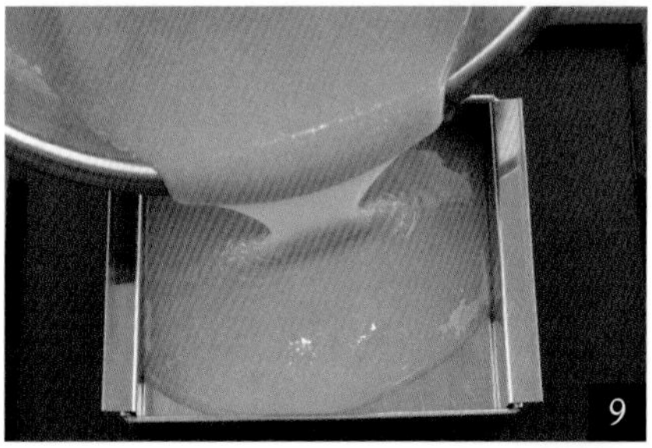
9

7

10

8

11 用刀子劃一下模具四周，以利脫模。

12 切成0.7～0.8cm薄片。

13 用模型小心壓出櫻花形狀。

14 用筷子輕輕取下寒冰。

15 放在網架上定型。放在乾燥通風處，風乾一至兩天，待其形成不黏手、顏色稍淺一點的外殼（實際風乾天數視製作者當下的季節、環境溼濕度而定，亦可使用果乾機，以最低溫烘乾）。

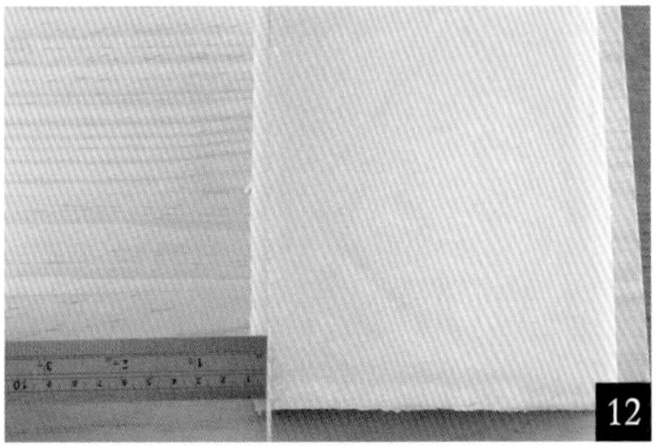

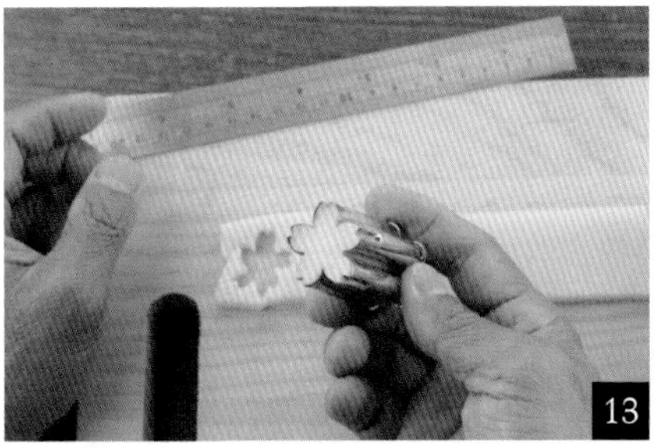

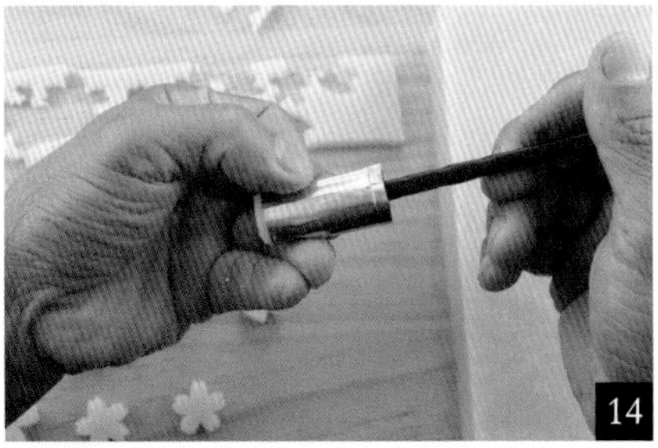

和菓子之心

昇鯉——錦玉羹

昇り鯉

炎熱夏季裡帶來清涼感的和菓子，
我想非錦玉羹莫屬了，
加入「水」元素的動態設計，
就像鯉魚真的在水裡悠游一般。

製作

◆材料

上白糖…230g
ZR粉寒天…2g
寒天PG19…20g
水…765g

【鯉魚．兩小盤】
白豆沙…100g
ZR粉寒天…5g
水…200g
紅麴紅食用色素
食用竹炭粉

◆工具

雪平鍋
打蛋器
保鮮膜
筷子
竹刀
長尺
砧板
豆腐模具一板
魚形模具

◆小技巧

我取用兩種寒天粉依混合，為讓代表池水的錦玉羹有支撐力，同時保有透明感的視覺效果。錦鯉躍出水面所擾動的每道波紋都不同，是透過保鮮膜包覆及手工抓整，當下可隨意控制想要的起伏及線條，隨後連同保鮮膜放冰箱，幫助快速降溫成型。脫模後切塊，在水面中心劃出一個小三角形，放入白豆沙做的錦鯉，錦玉羹的光影讓魚兒看似要跳出水面，創造動感的姿態。

◆做法

1　在不鏽鋼盆裡倒入上白糖，放上爐子。

2　倒入ZR粉寒天。

3　倒入寒天PG19。

4　用打蛋器確實將粉類全部攪拌均勻，若沒拌勻就加水的話，後續會結塊，變成粉圓般質地。

5　粉類都攪勻後，才倒入水。

6 邊煮邊攪拌，煮至沸滾後關火。
7 倒入豆腐模具一板。
8 覆上保鮮膜，仔細將表面浮沫吸起來。
9 再次覆上保鮮膜。
10 用手稍微提起保鮮膜，塑形成表面起伏的樣子，靜置定型。

9

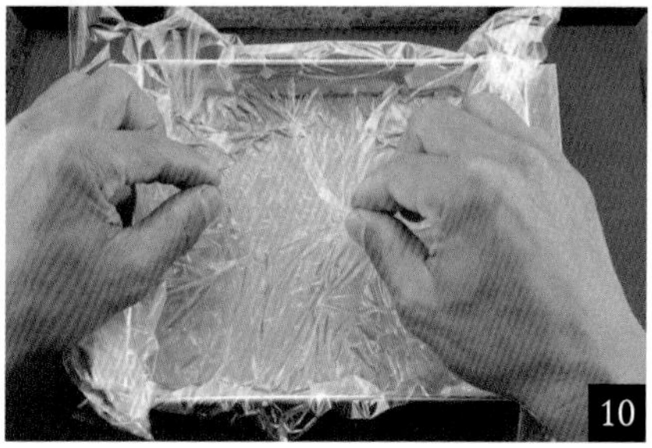
10

6

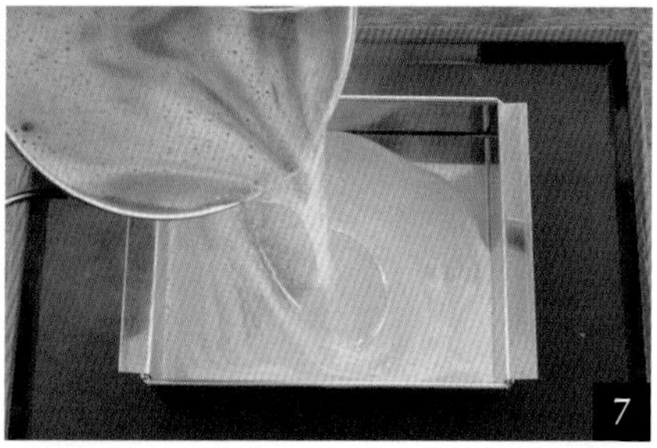
7

8

11 在攪拌盆裡倒入ZR粉寒天，放上爐子。

12 倒入水。

13 放入白豆沙，稍微攪散。

14 開火，以中小火煮至沸騰冒泡。

15 把煮好的羊羹分成三份，其中兩份各倒入小碗中。

16 取其中一碗，滴入一滴紅麴紅食用色素。
17 用筷子攪拌均勻。
18 另一碗加入食用竹炭粉。
19 一樣用筷子攪拌均勻。
20 取一個平盤，倒入鍋中剩下的原色羊羹。

21 用筷子沾取做法14的橘紅色羊羹，滴幾滴做鯉魚身體花紋。

22 用筷子沾取做法16的黑色羊羹，滴幾滴做鯉魚身體花紋。

23 鯉魚可以有大有小，靜置定型。

24 輕輕取下已定型的羊羹，放在砧板上。

25 用模型壓出數片鯉魚。

26 用竹刀取下鯉魚。

21

22

23

24

25

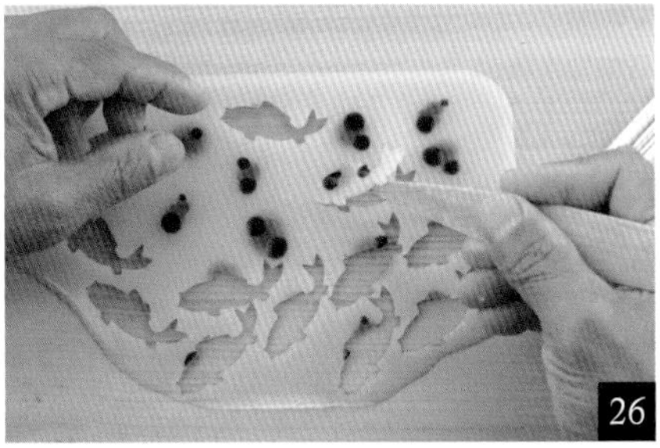
26

27 取出做法8定型的寒天凍脫模。
28 撕掉保鮮膜後，先對半切，一塊寬9cm。
29 再切對半，一塊4.5cm，共兩塊。
30 轉方向，對半切成8cm。
31 再切成4cm，共十六小塊。

30

27

31

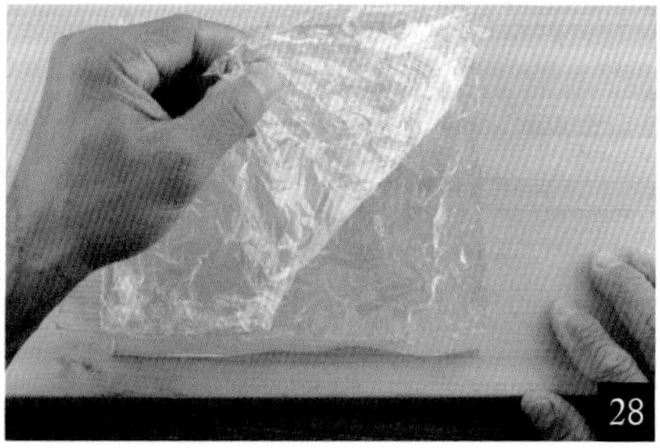
28

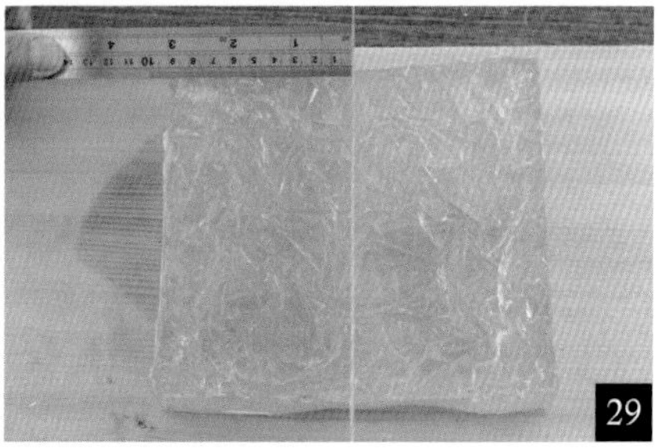
29

32 取一小塊，用竹刀挖出三角形小凹槽。
33 小凹槽需有點深度，放魚身用。
34 直立放入鯉魚。
35 做出鯉魚在水裡的樣子。

35

32

33

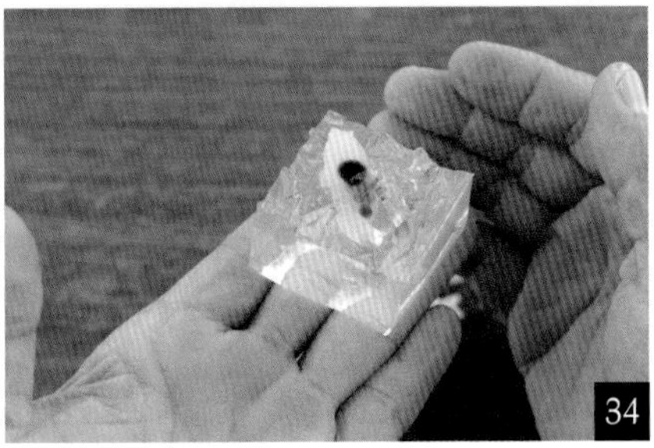
34

和菓子之心

栗羊羹
くりようかん

栗子是日本秋季的旬味食材，
每年九月到十一月就會做栗羊羹，
外觀是誘人食慾的金黃色，
而且味道香甜、口感鬆軟，加上甜甜的紅豆香氣，
是一款微涼秋季裡的經典和菓子。

製作

◆材料

黑糖粉…35g
ZR粉寒天…7.5g
水…250g
鹽…少許
紅豆粒餡…450g
糖漬栗子…300g

◆工具

銅鍋
刮刀
豆腐模具一板
長尺
砧板

◆小技巧

紅豆羊羹的製作過程是炒豆餡的再延伸，紅豆粒餡會賦予羊羹濃稠厚重的質地，但也因此容易燒焦，所以拌炒的步驟尤為重要，需不斷刮鍋底和鍋邊，而且確實刮乾淨，不然一不小心就容易燒焦。傳統紅豆羊羹因高糖分能在常溫下保存較久。我們現在製作的版本，糖分只有傳統的四分之一，更健康且廣受客人們的喜愛。

◆**做法**

1 在鍋中倒入黑糖。

2 倒入ZR粉寒天。

3 確實攪拌均勻後加水。

4 放入紅豆粒餡，必須攪散攪勻。

5 開火，以中火煮至沸滾。

6 煮製時，需用刮刀不斷刮鍋底和邊緣，以免煮焦。

7 羊羹煮滾後放入糖漬栗子。

8 續煮拌勻，一樣用刮刀不斷刮鍋底和邊緣。

9 再次煮至沸滾以確保栗子熟透，使兩者完全融合，再倒入豆腐模具中，能避免栗子在切塊時碎裂。

10 用刮刀整平表面，冷卻後放冰箱定型。

11 定型後取出脫模。

10

7

11

8

9

12 先對半切，一塊寬9cm。

13 再切對半，一塊4.5cm，共四塊。

14 轉方向，對半切成7.5cm。

15 再切成3.75cm。

16 共十六小塊。

15

16

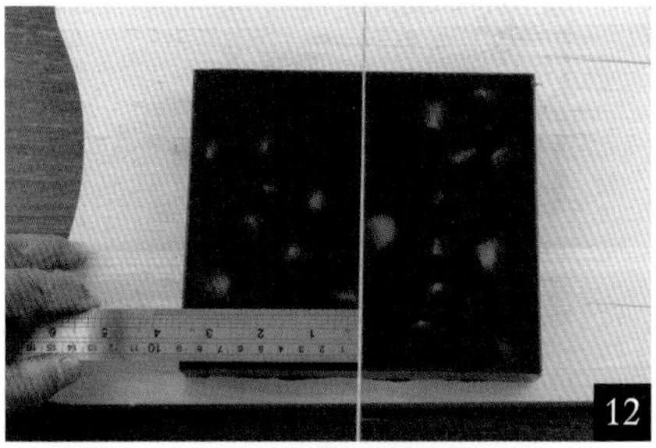
12

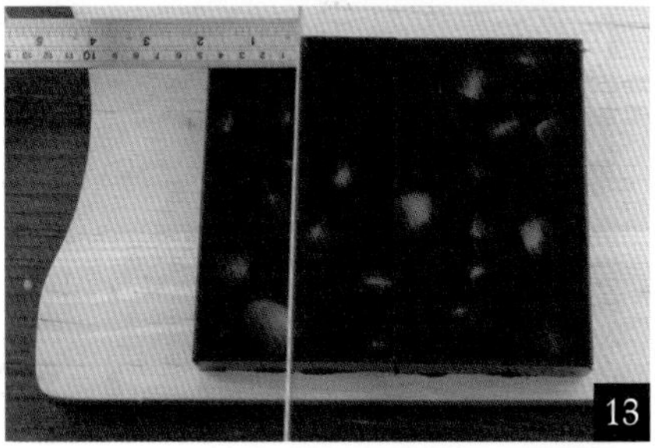
13

14

和菓子之心

水無月
みなづき

六月又稱為水無月，
是日本人在六月的最後一天會吃的和菓子，
三角形代表冰塊，因為六月後即將迎接夏季；
日本人認為紅豆能夠避邪，
有著為下半年祈福的寓意。

製作

◆材料

上白糖…140g
上新粉…185g
在來米粉…20g
葛粉…35g
鹽…1g
水…420g
蜜紅豆…160g

◆工具

大碗
打蛋器
刮刀
篩網
棉布
蒸鍋、蒸籠
刀子
豆腐模具一板
長尺
砧板

◆小知識

六月正好是一年過了一半之際，此時有吃水無月和菓子的習俗，目的是為下半年祈福。水無月的上層是紅豆，代表驅邪避厄，底部的白色三角形由外郎製成，象徵著冰塊，在沒有電的時代，透過視覺引發對於清涼的想像。銳角分明的冰塊形體，似乎脫離了大自然的束縛，為身心注入了一絲沁涼；在和菓子的世界中，水無月正是這種清涼意象的化身。

1

2

3

4

5

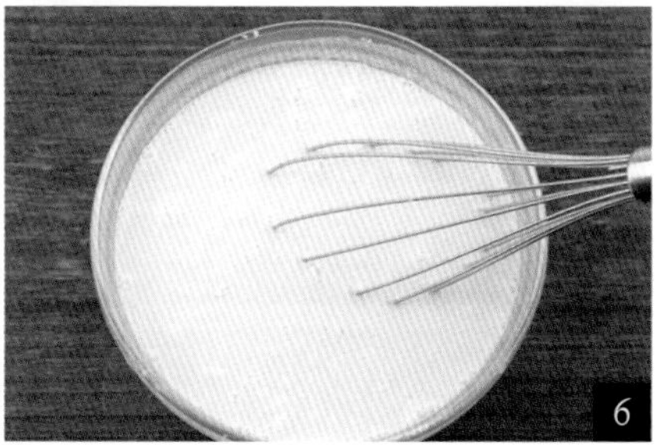
6

◆**做法**

1 取一個大碗，放入上白糖後，倒入在來米粉。

2 加入上新粉。

3 加入葛粉。

4 加入少許鹽。

5 倒入水。

6 用打蛋器攪拌均勻。

7 用篩網過濾後取70g，備用。

8 其餘倒入豆腐模具中。

9 放入蒸鍋，蓋上棉布，以大火蒸4分鐘。

10 取出後，粉漿是半凝固狀但有支撐力的狀態。

11 用刮刀把表面鋪平一點。

7

8

9

10

11

11

12 放入蜜紅豆粒。

13 留意均勻鋪平。

14 倒入備用的70g粉漿，均勻分佈。

15 放入蒸鍋，蓋上棉布，以大火蒸10分鐘後取出。

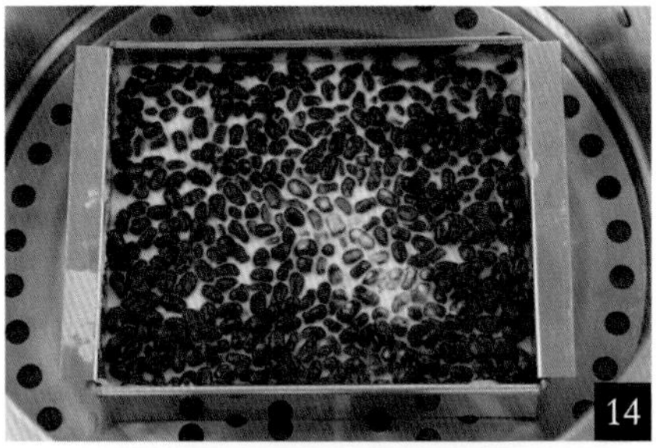

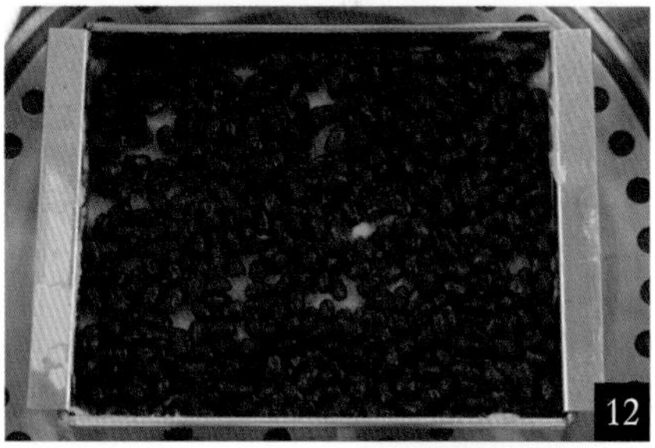

16 用刀子劃一下模具四周，以利脫模。
17 先切成三塊，一塊寬6cm。
18 轉方向，切成7.5cm，共六小塊
19 接著斜切，共四刀。
20 每塊切成小三角形。

清流——上南羹

せいりゅう

清爽又簡約的和菓子配色，是這款夏季作品的設計主軸，以透明和白色堆疊出層次，從視覺就能感到身心涼爽舒暢。

製作

◆材料

上白糖⋯140g
寒天PG19⋯7g
ZR粉寒天⋯4g
水⋯420g

上南粉⋯84g（分三份）
白豆沙⋯25g
ZR粉寒天⋯1.25g
水⋯50g

◆工具

雪平鍋
打蛋器
湯勺
蒸鍋、蒸籠
豆腐模具一板
長尺
刀子
砧板

◆小技巧

「清流」這款和菓子內含錦玉羹與上南羹，上南羹是錦玉羹煮滾後加入上南粉，攪拌均勻而成。上南粉是一種米製熟粉，會使得錦玉羹變得不透明，將一鍋錦玉羹分成五份，其中三份先製成上南羹，分五次倒入模具並等待凝固。為讓這五層的分層清晰，卻又彼此緊密貼合，製作時需保持溫熱狀態，粉漿需隔熱水鍋浸泡，並且在十五分鐘內一氣呵成完成。

◆做法

1 在鍋中倒入上白糖。

2 倒入ZR粉寒天。

3 倒入寒天PG19，攪拌均勻，避免寒天結團。

4 加水後開火。

5 一邊攪拌，煮至沸滾後關火，即為錦玉羹。

6 取200g，加入28g上南粉。
7 用打蛋器攪拌均勻，即為上南羹。
8 倒入豆腐模具中，放冰箱冷卻定型，敲掉空氣，此為第一層白色。
9 剩下的透明錦玉羹材料隔著熱水保溫，取160g。
10 取出做法8，用湯匙舀錦玉羹，沿著模具邊緣，輕輕倒在第一層的表面，撈掉浮沫，第三至五層也如此操作。
11 放冰箱冷卻定型，此為第二層半透明錦玉羹。

12 第二層定型後，取200g透明錦玉羹加28g上南粉，攪拌後倒入，此為第三層，放冰箱冷卻定型（若希望作品更有變化，這個步驟可染成淺藍色，視覺效果就像235頁的成品圖）。

13 第三層定型後，倒入160g透明錦玉羹，此為第四層，放冰箱冷卻定型。

14 第四層定型後，倒入200g透明錦玉羹加28g上南粉，此為第五層。

15 放冰箱冷卻定型前，手提起模具落下。

16 取出冷卻定型後的五層。

15

16

12

13

14

17 先對半切，一塊寬9cm，共兩塊。
18 兩塊切成四條，每條各4.5cm。
19 接著轉方向，切成3.75cm，共十六小塊。
20 完成的五層，包含了上南羹和錦玉羹。

20

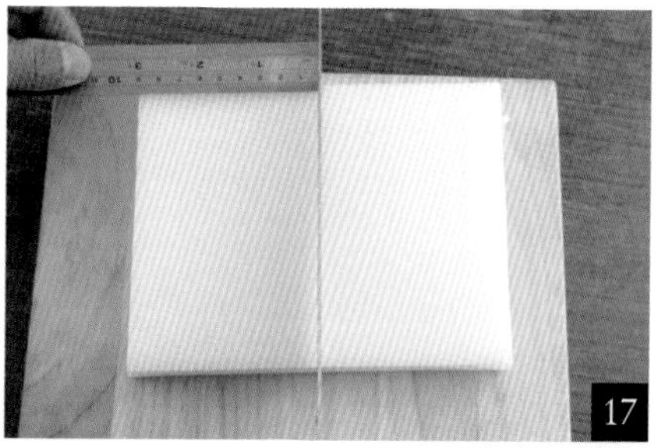
17

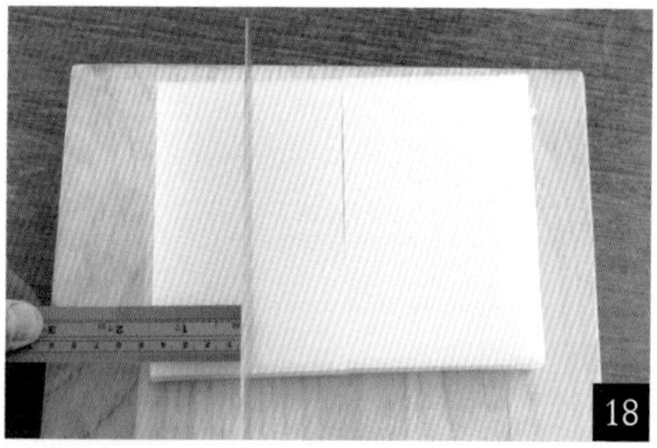
18

19

和菓子之心

鹿子餅

かのこ

傳統鹿子餅是以紅豆粒包裹紅豆餡，紅豆粒的顆粒感酷似幼鹿身上的花紋，因而得名；我以上南羹、錦玉羹結合鹿子餅的三重技術，讓鹿子餅有了新的樣貌。

製作

◆材料

蜜紅豆粒……適量（單個）
紅豆沙餡……17g（單個）

【淋醬】
上白糖……140g
ZR粉寒天……3.5g
寒天PG19……3.5g
水……250g

◆工具

雪平鍋
打蛋器
蒸鍋、蒸籠
不鏽鋼盆
網架
湯勺
豆腐模具一板
砧板

◆小技巧

鹿子餅的內餡是紅豆餡，外層壓上蜜紅豆，因為酷似小鹿身上的花色而得名，是一款歷史悠久的和菓子。這款作品以紅豆粒象徵溪流中的石頭，而輕透涼爽的溪流就用上南羹及錦玉羹來打造，並加上一尾香魚，豐富了作品層次。如果只是錦玉羹，僅能呈現透明感，但加了上南羹，水的流動感便能交錯得更有層次，與鹿子餅相互襯托。

1

2

3

4

5

◆做法

1　請參考「上南羹-清流」的做法，完成一板。

2　用刀子劃一下模具四周脫模，切成0.3cm厚。

3　剖面是五層相疊，先切數片，備用。

4　準備蜜紅豆粒，雙手洗淨後擦乾。

5　均匀包覆住紅豆沙餡，每個餡是17g。

6 用手心施力壓緊，蜜紅豆粒才能嵌入，但要避免一直補蜜紅豆粒，成品才不會太大顆。

7 放在網架上備用，下方墊一個不鏽鋼盆。

8 接著煮淋醬，在鍋中倒入上白糖。

9 倒入ZR粉寒天、寒天PG19。

10 加水後開火。

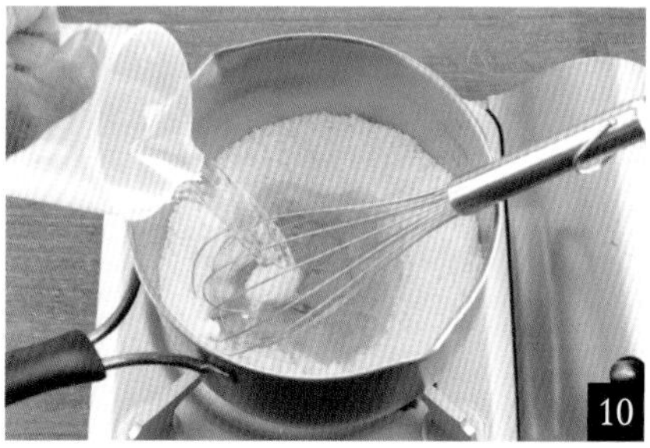

11 一邊攪拌，煮至沸滾後關火，即成淋醬。

12 在紅豆粒上均勻淋醬，此為第一次。

13 淋醬第二次會更有光澤，靜置，等待成膜。

14 將上南羹薄片放在鹿子餅上。

15 繞一圈，包覆起來

16 最後固定於下方。

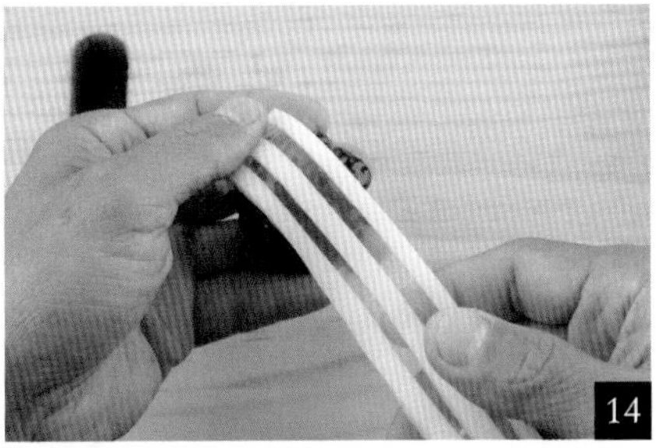

紫陽花——錦玉羹

アジサイ

繡球花在日本稱為「紫陽花」，初夏梅雨季節正是紫陽花綻放的時期，以上南羹技術表現出繽紛的透明感，還有花朵綻放時的多彩絢麗。

製作

◆材料

上白糖……170g
ZR粉寒天……6.5g
寒天PG19……6g
水……510g
蘿蔔紅、藍色食用色素
白豆沙餡……13g

【淋醬】
上白糖……140g
ZR粉寒天……3.5g
寒天PG19……3.5g
水……250g

◆工具

雪平鍋
打蛋器
電子秤
蒸鍋、蒸籠
不鏽鋼盆
篩網
湯勺
豆腐模具一板
刀子
砧板

◆小知識

紫陽花因其成長環境的土壤酸鹼度不同，會變化不同顏色，由紫到藍，爾後變紅，風貌多變，沒有一株完全相同，故別名為七變化，作為菓名，格外風雅。把錦玉羹染色、切丁，貼黏在白豆沙餡外層，最後淋上一層寒天才算完成，外觀晶亮吸睛。

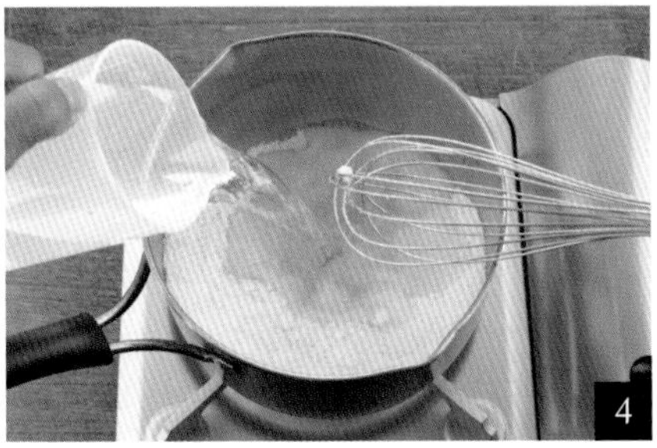

◆做法

1 在鍋中倒入上白糖。

2 倒入ZR粉寒天。

3 倒入PG19。

4 用打蛋器先攪拌一下。

5 加水後開火。

6 一邊攪拌一邊煮。
7 煮至沸滾後關火。
8 分成三等份，其中一份滴入一滴藍色食用色素。
9 攪拌均勻成淡藍色。
10 倒入模具中，放冰箱冷卻定型。

9

10

6

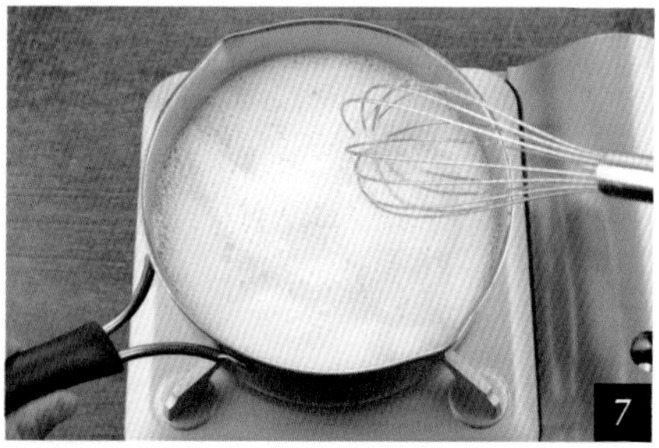
7

8

11 取其中一份，滴入一滴蘿蔔紅食用色素。

12 攪拌均勻成粉色。

13 倒入模具中，放冰箱冷卻定型。

14 將最後一份滴入一滴藍色食用色素，攪拌勻勻，再加入蘿蔔紅食用色素。

15 攪拌均勻成紫色。

16 倒入模具中，放冰箱冷卻定型。

14

11

15

12

16

13

17 完成粉、紫、藍三種顏色的錦玉羹。
18 將三種顏色的錦玉羹都脫模。
19 先取一個顏色放在砧板上。
20 切成等寬的長條。
21 切成小丁。
22 全部撥散開來，其他兩色也如此完成。

20

17

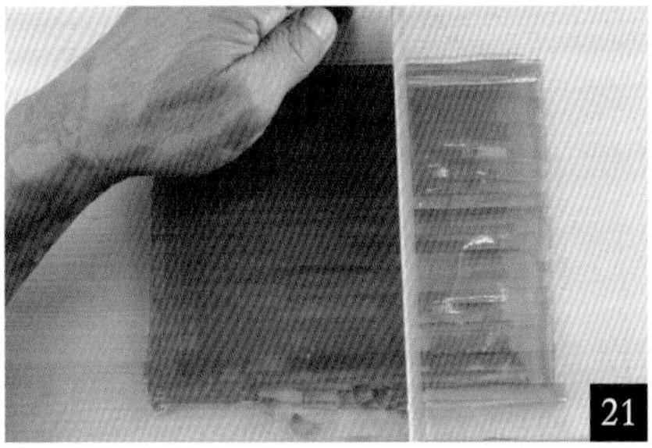
21

18

22

19

23 抓一點三色錦玉羹，放上13g白豆沙餡。

24 掌心微微彎起，預留點空間，稍微加壓包覆，讓錦玉羹更好地黏著在白豆沙餡上。

25 放在網架上，下方墊一個不鏽鋼盆。

26 請參考「鹿子餅」的做法，在鍋中倒入上白糖、ZR粉寒天、寒天PG19完成淋醬。

27 倒入水後開火，煮至沸滾。

28 在三色錦玉羹上均勻淋醬，此為第一次。

29 淋醬第二次會更有光澤，靜置，等待成膜。

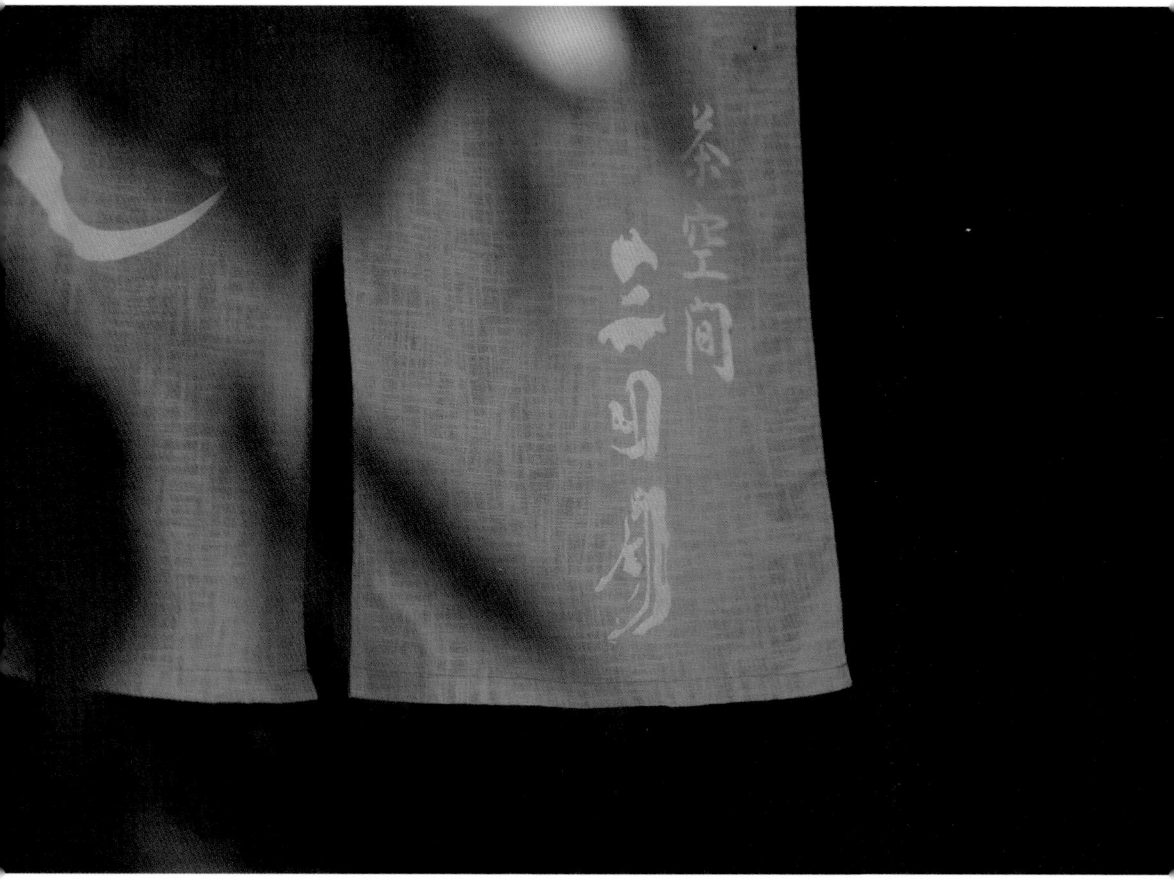
茶空間

和菓子之心

草餅 よもぎもち

草餅源自於平安時代，是相當古老的和菓子，
代表三月至五月的春季風味。
三日月的草餅餅皮並非單純的糯米，
選用多種米粉交叉搭配使用，
製成軟糯於口中逐漸消融的高雅口感。

製作

◆材料

新鮮艾草⋯大量
食用小蘇打粉⋯少許
水（蓋過艾草）
上白糖⋯90g
上新粉⋯58g
顆粒白玉粉⋯15g
葛粉⋯7g
水⋯132.5g
艾草粉⋯1.5g
黃豆粉⋯適量
紅豆粒餡⋯25g（單個）

◆工具

雪平鍋
不鏽鋼盆
均質機
電子秤
蒸鍋、蒸籠
打蛋器
篩網
棉布
砧板
平底鍋
軟毛刷
平盤

◆小技巧

草餅來自春天的艾草嫩葉，揉進糯米粉中，會帶有新鮮艾草的香氣。這款和菓子令人聯想到台灣過年過節必吃的草仔粿，但兩者不同，和菓子是佐茶而生，需為無油製作，而台灣草仔粿在製作時為了不沾黏，會用到油。草餅是深具日本傳統文化的和菓子，草餅皮包裹紅豆餡，外層再撒上黃豆粉，我會多用一片艾草嫩葉包覆於外，再入鍋煎至定型，讓視覺較有美感，品嚐時更多了份香氣。

◆**做法**

1 洗淨艾草，剪下葉子。

2 盡量選取葉片的部分。

3 在鍋中倒入食用級小蘇打粉。

4 倒入水。

5 放入艾草。

6 煮至沸滾。

7 撈出艾草至冷水碗中降溫。
8 靜置，稍微放涼。
9 以食指、拇指扭轉葉片，擠出水分。
10 將葉片放於掌中，另一手按壓擠出水分。
11 確實去掉葉片水分，取7.5g，剩下的倒入密封袋，放冰箱冷凍（請於三個月內使用完畢）。
12 將葉片放入均質機的攪拌杯中。

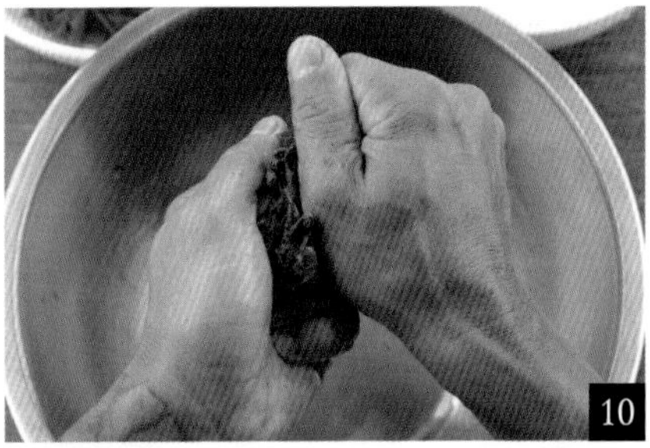

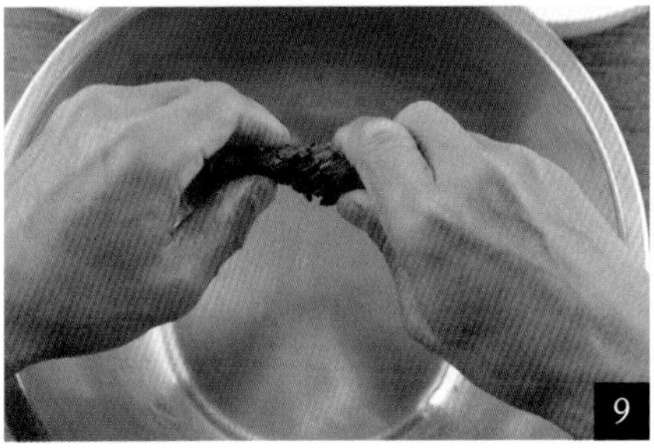

13 倒入132.5g的水。
14 以均質機攪打均勻，備用。
15 加入顆粒白玉粉、上白糖、上新粉。
16 加入葛粉。
17 加入艾草粉。

13

14

15

15

16

17

18 用打蛋器攪拌均勻。
19 倒入做法14的艾草汁。
20 再次攪拌均勻至無顆粒。
21 以篩網過濾。
22 先壓碎大顆粒。
23 用刮刀壓碎小顆粒。

21

22

23

18

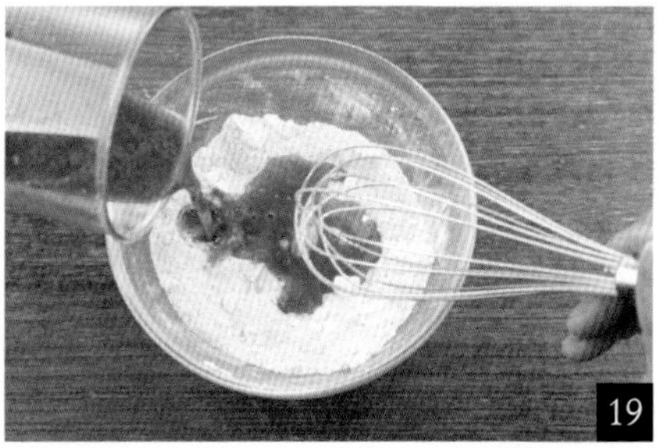
19

20

24 完成的艾草漿是無顆粒狀態。

25 在篩網裡鋪蒸籠布。

26 邊緣確實拉緊，整理好。

27 放入蒸籠中。

28 倒入做法24的液體材料。

29 以大火蒸20分鐘，即成草餅皮。

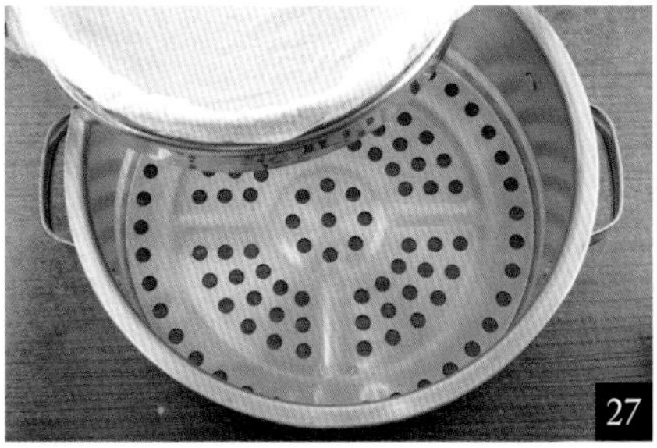
27

24

28

25

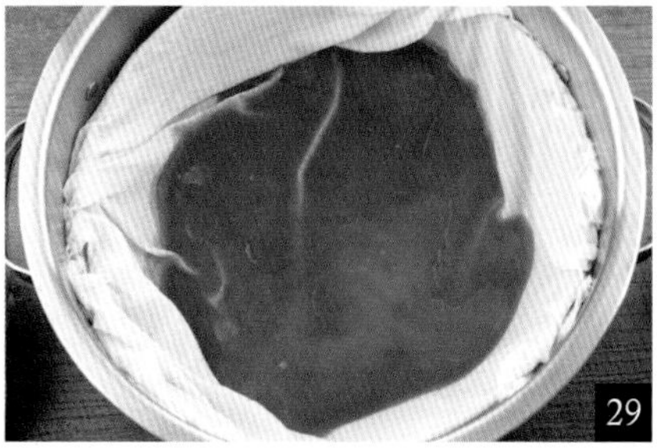
29

26

30 準備微濕的棉布，放上蒸好的草餅皮。
31 連同棉布翻摺、按壓草餅皮，需趁熱操作。
32 翻摺、按壓數次後成團。
33 每個分成35g，約完成九個。
34 在容器裡倒入黃豆粉，備用。

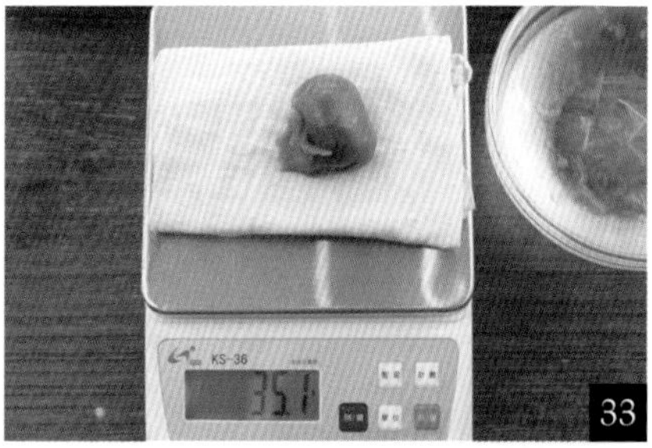

33

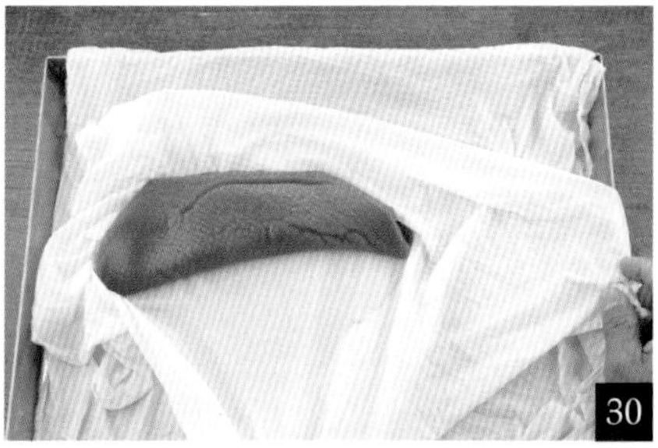
30

34

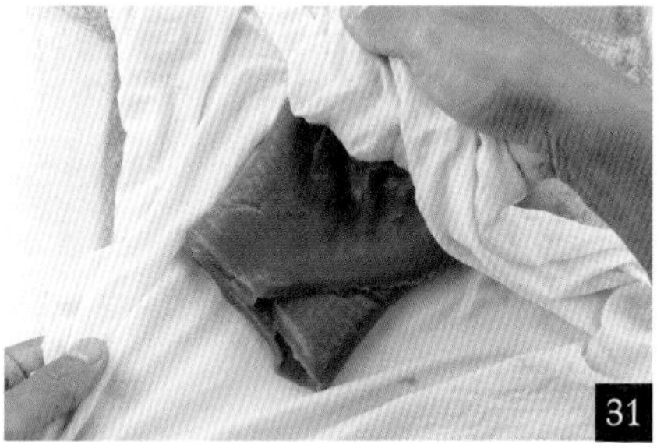
31

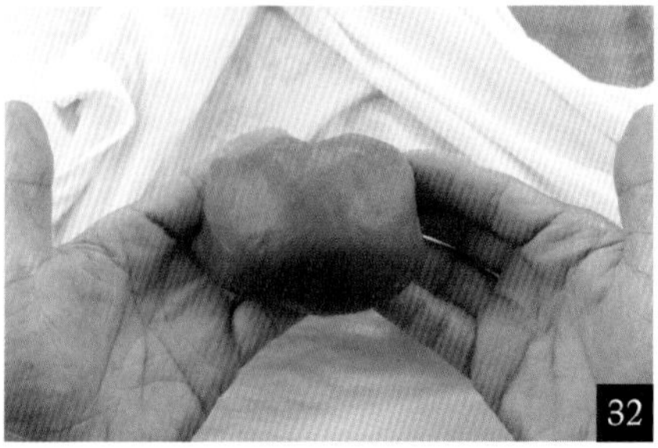
32

35 取一個草餅皮搓圓後壓扁。

36 放入25g的紅豆餡。

37 將紅豆餡往內壓一下。

38 餅皮捏合收口。

39 揉圓後壓成扁平狀。

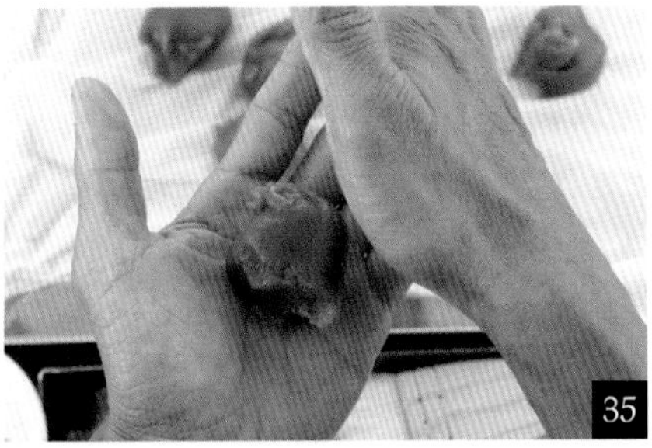

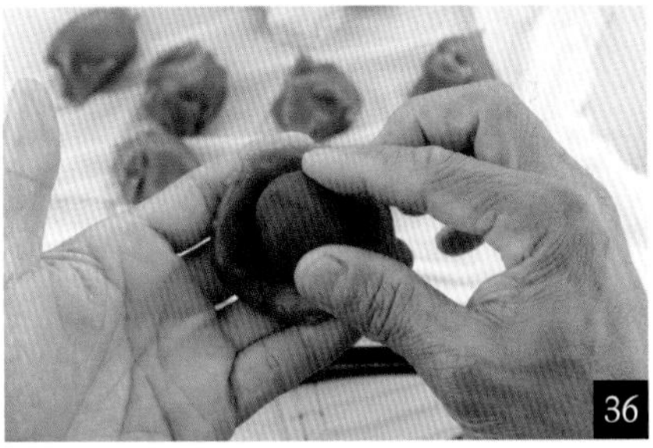

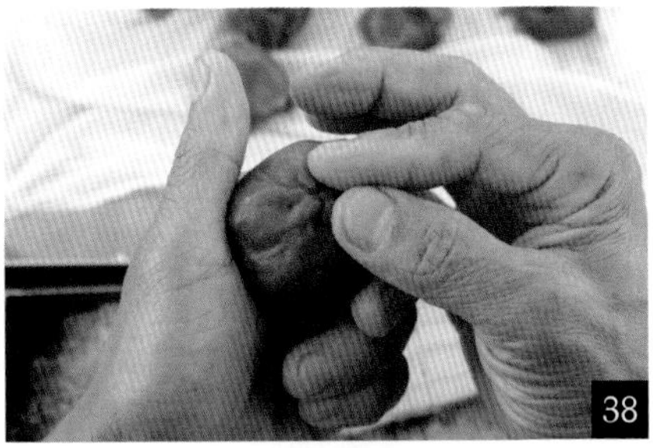

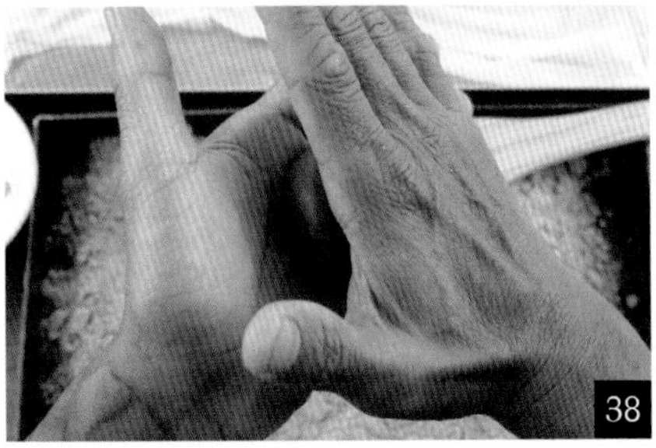

40 貼上事先處理好的艾草葉（洗好後需擦乾水分），約完成九個。
41 放入黃豆粉中，均勻沾裹。
42 用軟毛刷去除表面多餘的粉。
43 完成的草餅。
44 放入鍋中乾煎。
45 煎至兩面出現微上色即完成。

43

40

44

41

45

42

和菓子之心

櫻餅

さくらもち

櫻餅是櫻花季節最經典的和菓子代表，
經過鹽漬的櫻花葉有淡淡的櫻花香氣，
蒸煮道明寺糯米，包入碩大紅豆粒，
純手工的關西櫻餅有著鹹甜交織的傳統口味。

製作

◆材料

【外皮（15g，單個約20g）】

道明寺粉⋯150g

水⋯220g

鹽漬櫻花葉⋯數片

蘿蔔紅食用色素⋯適量

【內餡（單個）】

紅豆餡⋯25g

◆工具

大碗

蒸鍋、蒸籠

打蛋器

刮刀

保鮮膜

棉布

◆小技巧

櫻餅是櫻花季節最具代表性的和菓子，由道明寺粉、紅豆餡與櫻花葉組成，有著難以取代的特殊香氣。櫻花葉經過鹽漬處理，製作櫻餅前，需要多次清洗葉片，才能沖淡鹹味，清洗一或兩次即可，使其適合與糯米糰和紅豆餡搭配，達到理想的平衡，通常會將道明寺粉染成櫻花般的粉紅色，象徵春日裡櫻花紛飛的美景。

1

2

3

4

5

◆做法

1 在碗中倒入道明寺粉。

2 倒入水，攪拌均勻。

3 滴入一滴蘿蔔紅食用色素。

4 用打蛋器攪拌均勻。

5 靜置十分鐘後會自然膨脹。

6 覆上保鮮膜。

7 放入蒸籠中，以大火蒸20分鐘。

8 洗去鹽漬櫻花葉的鹽分（依個人喜好保留鹹度），放在棉布上。

9 將鹽漬櫻花葉水分按乾，備用。

10 蒸好後的樣子。

11 用刮刀攪拌，按壓成團。

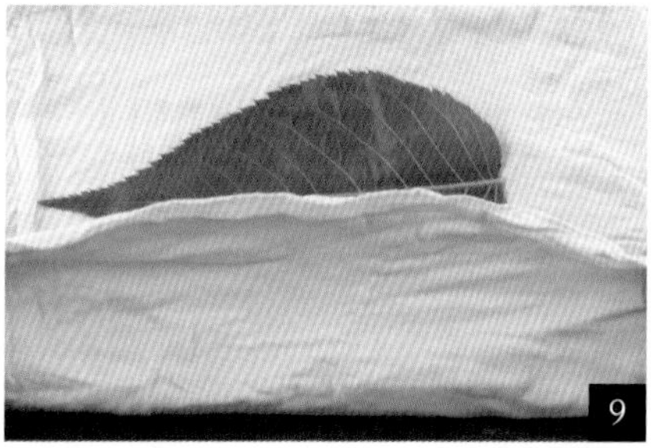

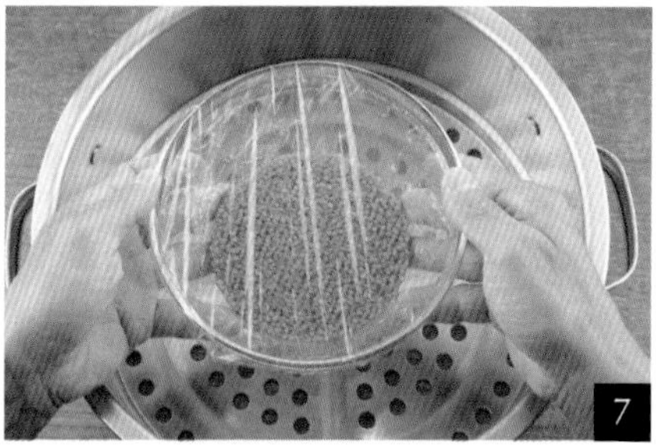

12 分成十五個，單個約20g，稍微揉圓。
13 用掌心壓扁。
14 放入紅豆粒餡。
15 捏合收口，做成橢圓形。
16 底下墊一片鹽漬櫻花葉。
17 包覆起來即完成櫻餅，每個約45g左右。

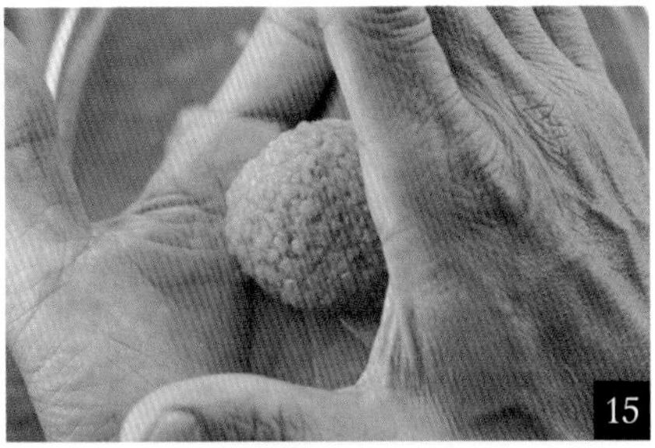

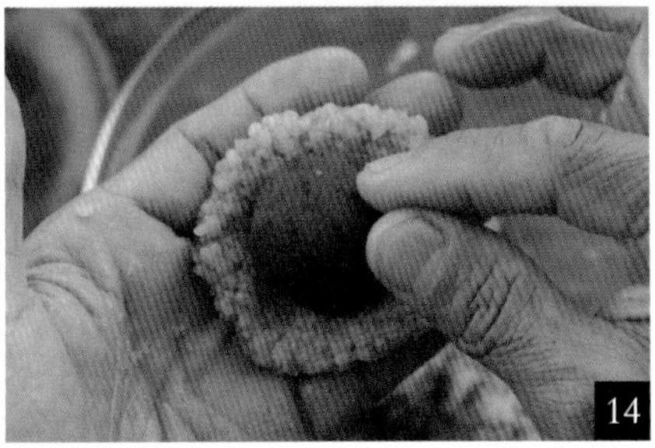

和菓子之心

牡丹餅 ぼたもち

日本人每年春分與秋分會吃這種和菓子，春分稱為牡丹餅，秋分則稱為萩餅，特選產自於日本三重縣的米與糯米混合，口感Q彈軟糯有層次，是日本傳統古早味。

製作

◆材料

【外皮25g（單個）】

長糯米⋯75g

短糯米⋯75g

日本米⋯150g

水⋯450g

黃豆粉⋯適量

【內餡（單個）】

紅豆粒餡⋯25g

◆工具

大碗

電鍋

電子秤

◆小技巧

一般來說，和菓子是由外皮包覆餡料製成，但牡丹餅正好相反，是用餡料包裹糯米團。這款和菓子在春分時節可以品嚐到，正值牡丹花開之際，故稱牡丹餅。牡丹餅的糯米團是將三種米蒸熟，製作過程完全依靠手工捏製，為了防止黏手，製作者需時刻保持手部濕潤，若是糯米在外的方式會比較好包。

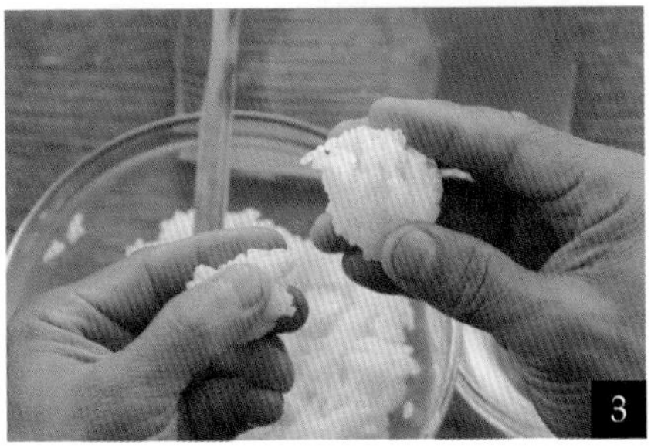

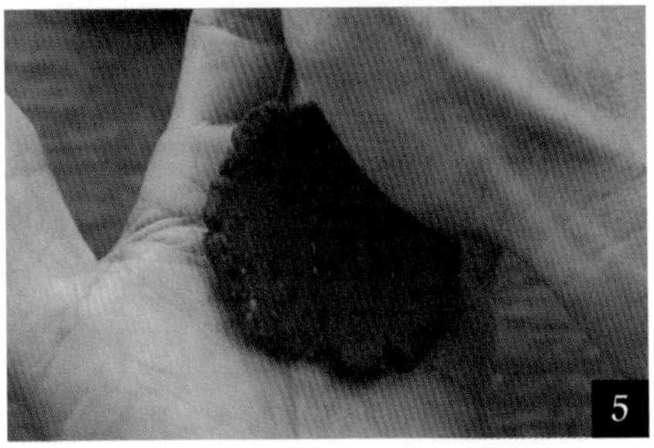

◆做法

1 將長糯米、短糯米、日本米混合在一起後加水，以電鍋蒸熟後取出攪拌。

2 準備冷開水，捏製時較不沾手。

3 將米糰分成每個約25g。

4 將紅豆粒餡分成每個25g。

5 用掌心稍微壓開紅豆粒餡。

6 稍微拉長，等下比較好包。

7 放入米糰，壓一下。

8 一邊壓，一邊讓紅豆粒餡包覆米糰。

9 壓的時候，左手不停轉動，右手把米糰壓進掌心。

10 將紅豆餡捏合收口。

11 運用雙手掌心塑成圓形（若搓成橢圓形就是萩餅），這是紅豆餡在外的做法。

12 另一種包法是讓米糰在外，用掌心稍微壓平米糰。

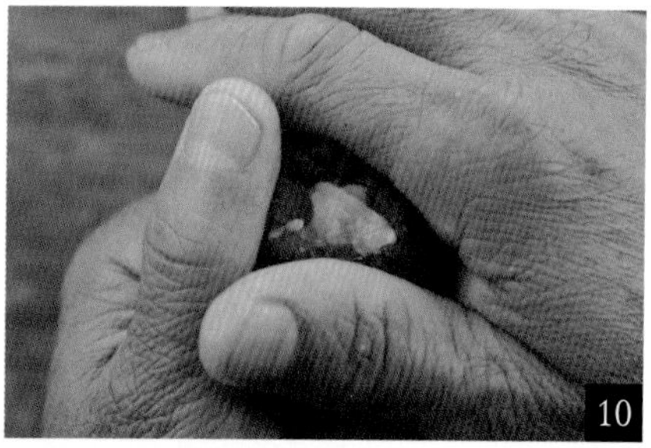

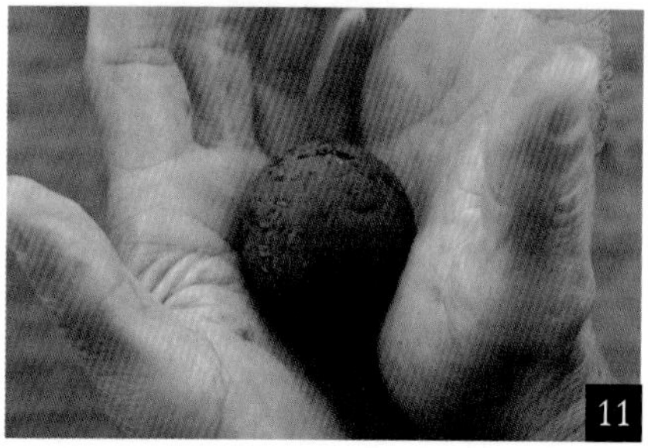

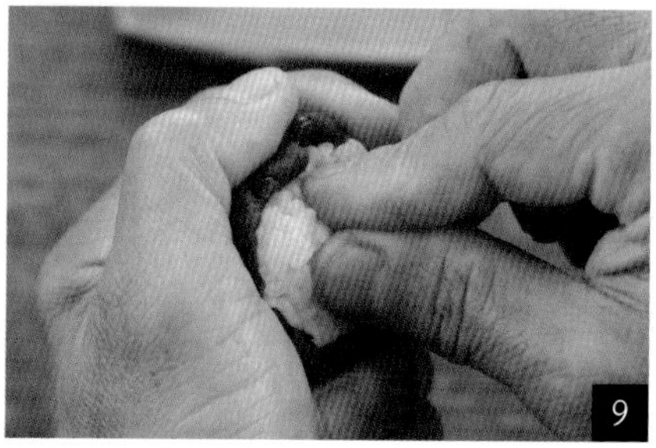

13 米糰也稍微壓開，放入紅豆粒餡。
14 放入紅豆粒餡，壓一下。
15 一邊壓，一邊讓米糰包覆紅豆粒餡。
16 準備有點高度的容器，倒入黃豆粉，放上牡丹餅。
17 撒上黃豆粉，均勻裹覆粉料。
18 最後用軟毛刷去除多餘的粉即完成。

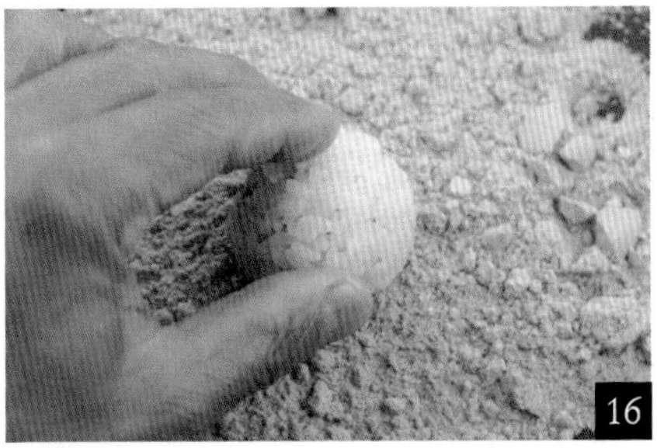

和菓子之心

豆大福
まめだいふく

豆大福看似簡單不起眼，但製作實則不易，
米類餅皮蒸煮後再手工甩壓（如同搗麻糬效果），
揉進不可或缺的日本赤豌豆，
包裹香味十足的帶殼紅豆餡，
其精彩處需要用口和心細細品嚐。

製作

◆材料

上白糖…180g
上新粉…120g
顆粒白玉粉…50g
葛粉…14g
水…220g
赤豌豆…220g
片栗粉…適量

◆工具

蒸鍋、蒸籠
電子秤
棉布
軟毛刷

◆小知識

在台灣，市面上最常見的大福是紅豆餡，或包入草莓等各式水果，但我個人更喜歡豆大福，選用來自北海道的赤豌豆，和著米香一起享用的風味絕佳。特別建議不要換成別種豆類來取代，大家可以到日式超市或專售日式進口食材的專門店找找。

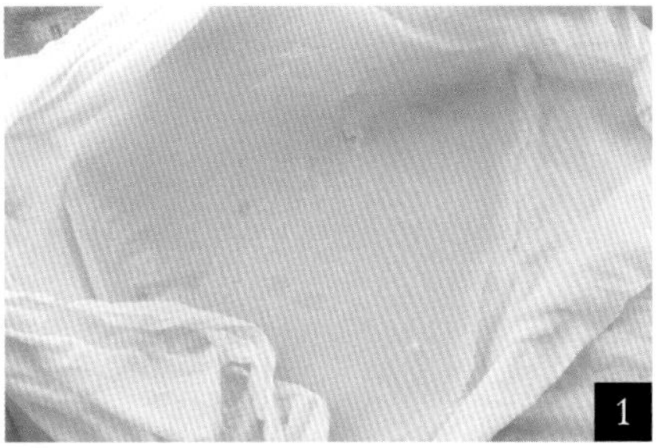

1

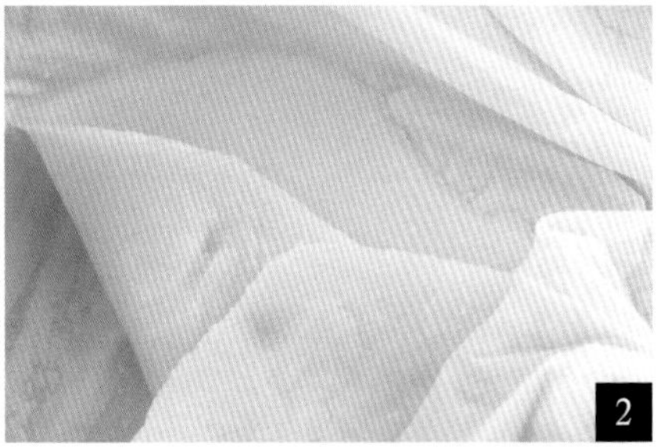

2

3

4

5

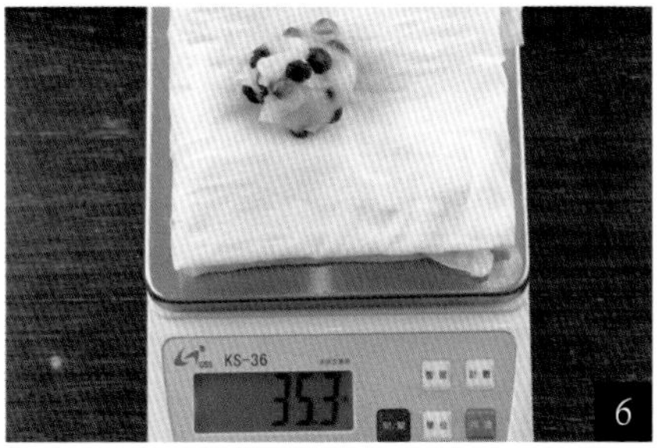

6

◆做法

1 請參考「花瓣餅」的做法，完成麻糬皮。

2 準備墊了棉布的容器，放上蒸好的麻糬皮，連同棉布翻摺、按壓數次，需趁熱操作。

3 成團後，加入赤豌豆。

4 揉壓數次，讓赤豌豆均勻分佈。

5 完成的樣子。

6 分成18份，每個約35g。

7 準備有點高度的容器，倒入片栗粉或玉米粉，放上赤豌豆餅團。

8 取一份餅團，稍微壓扁。

9 放入紅豆沙餡壓一下，將餡包入餅皮裡。

10 利用掌心塑形成圓形。

11 讓豆大福均勻沾裹片栗粉或玉米粉。

12 用軟毛刷去除多餘的粉即完成。

10

7

11

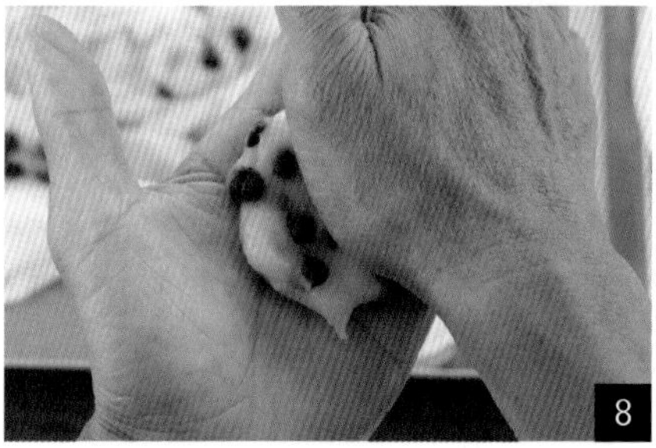
8

12

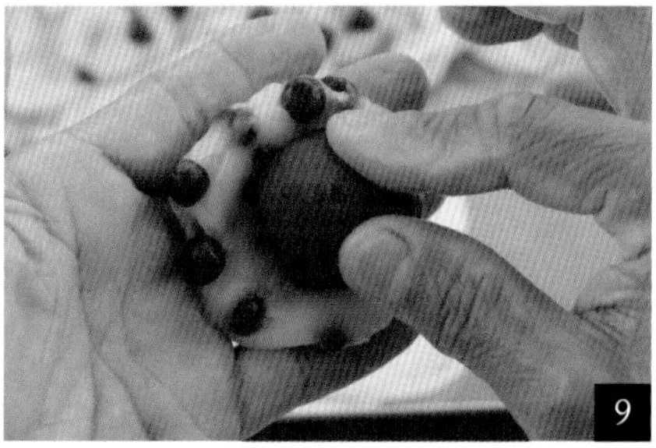
9

和菓子之心

花瓣餅

花びら餅

花瓣餅又稱為菱葩餅，是一款日本知名的傳統正月和菓子，也是裏千家新年初釜必備的和菓子，由求肥、糖漬牛蒡、味噌餡組合，屬於做工繁複的餅類和菓子。

製作

◆材料

【煮牛蒡】

牛蒡…1根

洗米水…適量（蓋過牛蒡）

上白糖…400g

黑糖…2g

【粉團（白色單個28g、粉色單個7g）】

上新粉…102.5g

水麥芽…30g

玉米粉…12.5g

顆粒白玉粉…67.5g

蘿蔔紅食用色素

【味噌白豆沙餡（15個，單個15g）】

白豆沙…200g

白味噌…32g

◆工具

雪平鍋

大碗

打蛋器

電子秤

夾子

筷子

烘焙紙

刮刀

蒸鍋、蒸籠

棉布

刀子

毛刷

◆**做法**

1 洗淨牛蒡，不去皮，切掉頭尾，切成10cm長段。

2 浸在水中，防止氧化變色，備用。

3 在鍋中加水。

4 倒入洗米水。

5 放入牛蒡。

6 煮至沸滾去澀，用筷子可戳入的熟度。

7 夾出後放入冷開水中，靜置二十分鐘後再用冷開水洗淨。
8 另外取一個鍋子，倒入上白糖。
9 倒入黑糖。
10 倒入水後開火。
11 用打蛋器攪拌均勻。
12 放入牛蒡煮至沸滾。

13 蓋上一張烘焙紙，避免接觸空氣。

14 煮好的牛蒡，稍微放涼。

15 取出牛蒡後擦乾，切對半。

16 切成四分之一。

17 將四分之一根牛蒡切成三片。

18 一根牛蒡總共切成十二片。

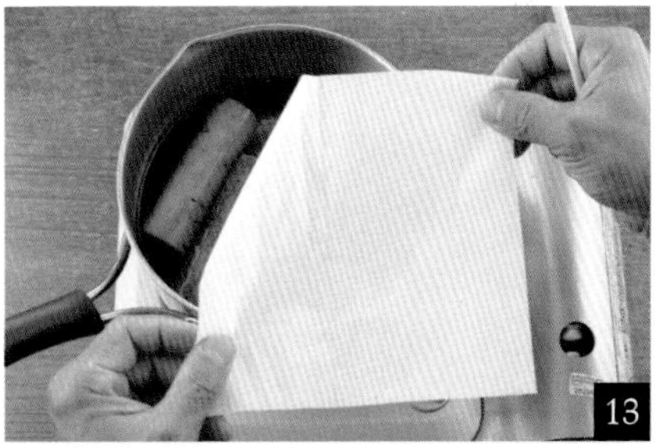

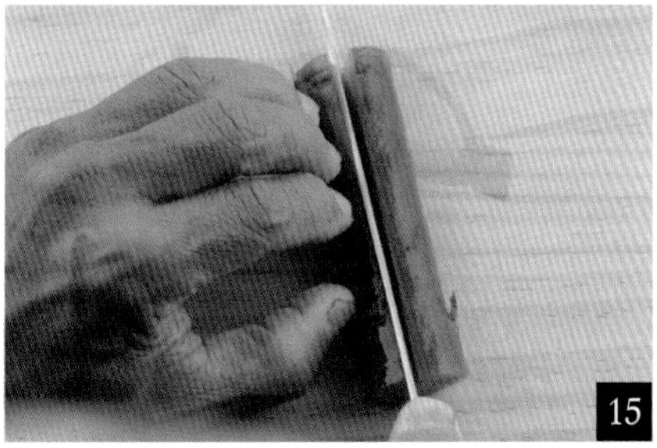

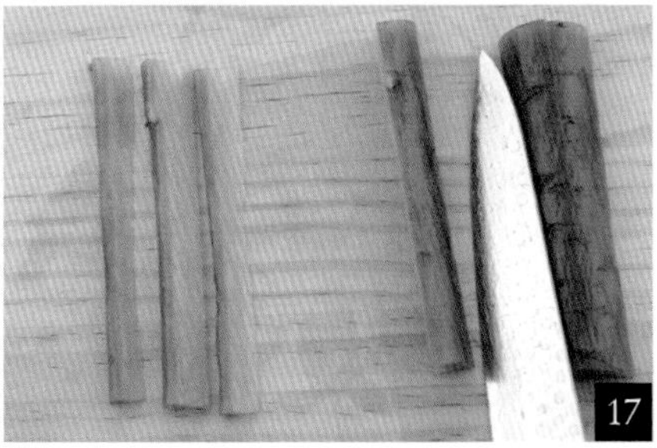

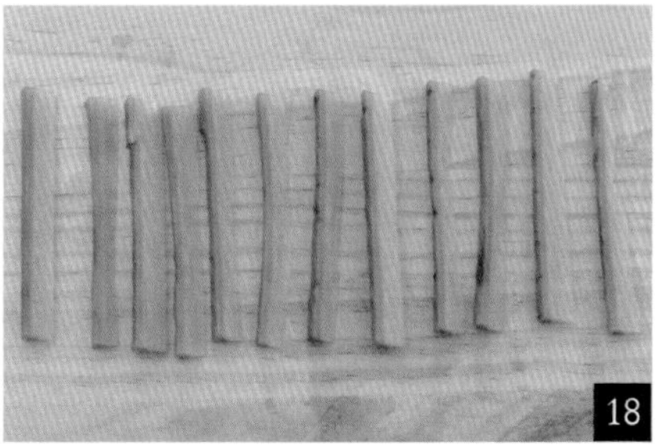

19 接著製作外皮，在碗中倒入糯米粉、顆粒白玉粉。

20 倒入上白糖。

21 倒入玉米粉。

22 倒入水。

23 攪拌均勻至無顆粒。

24 倒入水麥芽。

22

19

23

20

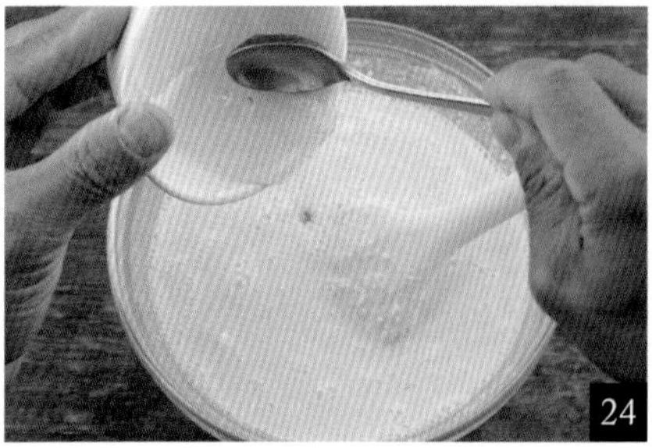
24

21

25 用篩網過濾。

26 用刮刀將小顆粒壓碎。

27 取120g粉漿準備染色，剩下的為白色。

28 滴入三滴蘿蔔紅食用色素，視情況再加兩滴。

29 攪拌均勻成粉色。

28

25

29

26

29

27

30 在兩個蒸籠裡分別鋪上蒸籠布，倒入白色粉漿、粉色粉漿，以大火蒸20分鐘。

31 利用空檔先製作味噌豆沙餡，將白豆沙的碗裡加味噌。

32 攪拌均勻。

33 滴入一滴蘿蔔紅食用色素，拌勻成淺粉色，備用。

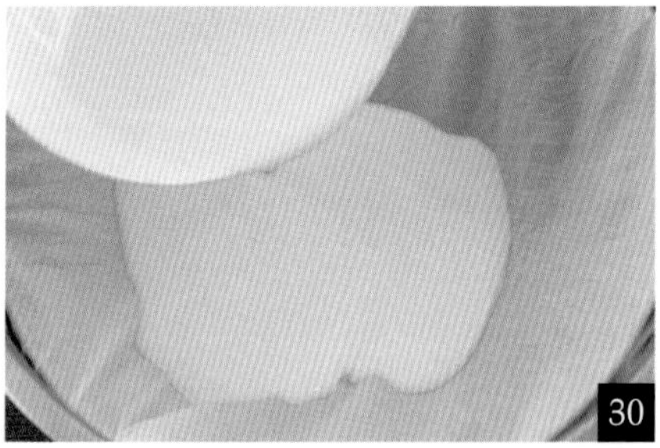

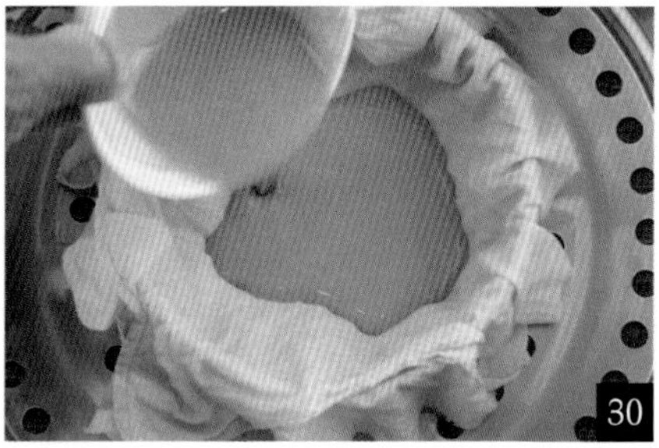

34 將蒸好的餅皮取出。

35 準備墊了棉布的容器，放上蒸好的餅皮，連同棉布翻摺、按壓數次，直到表面光滑，需趁熱操作。

36 按壓成團，此為白色餅皮。

37 粉色餅皮也同上操作按壓成團。

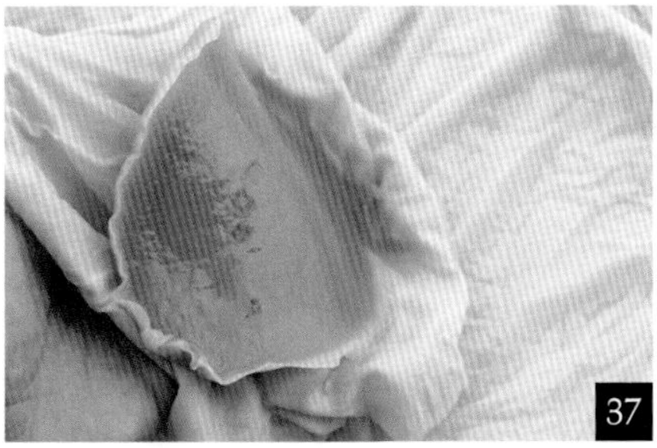

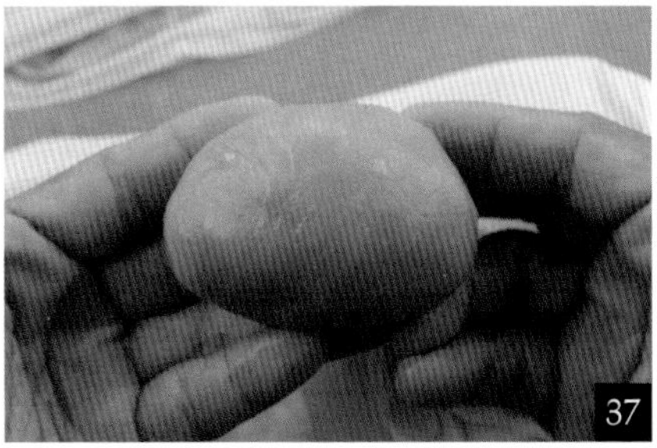

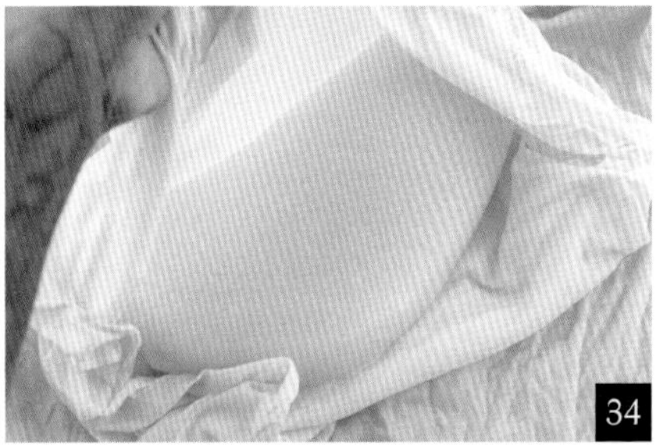

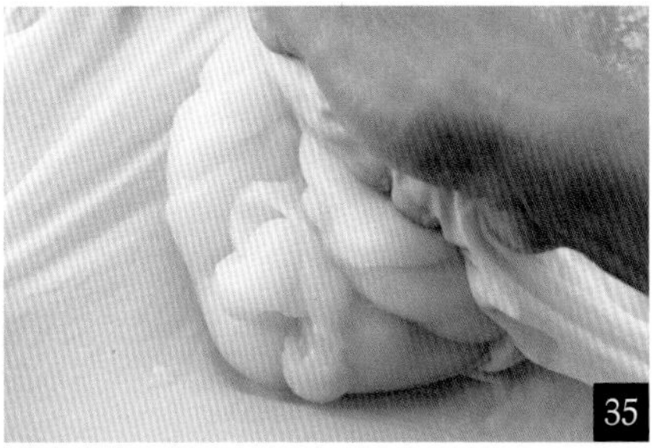

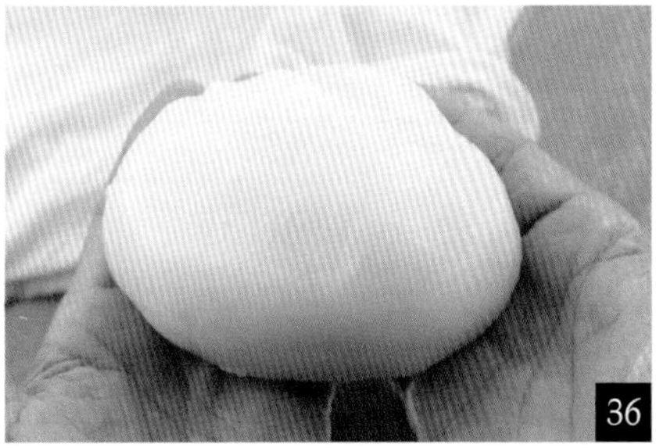

38 手沾一下冷開水，分割餅皮，白色餅皮取28g，粉色餅皮取7g。
39 做法36的味噌豆沙餡取15g。
40 準備有點高度的容器，倒入片栗粉或玉米粉。
41 放上白色餅皮，均勻沾裹。
42 用軟毛刷去除多餘的粉，完成15個。

40

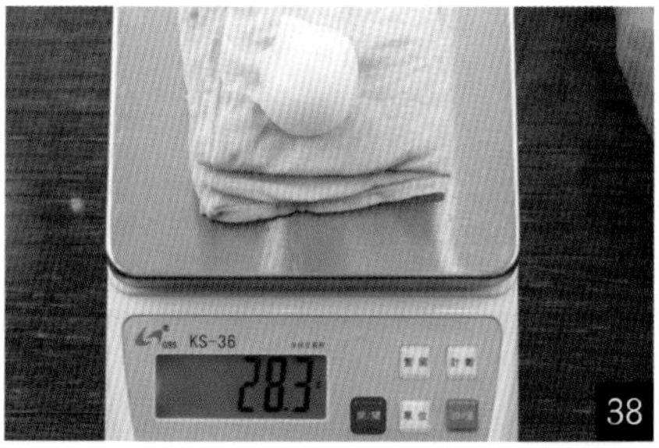

38

41

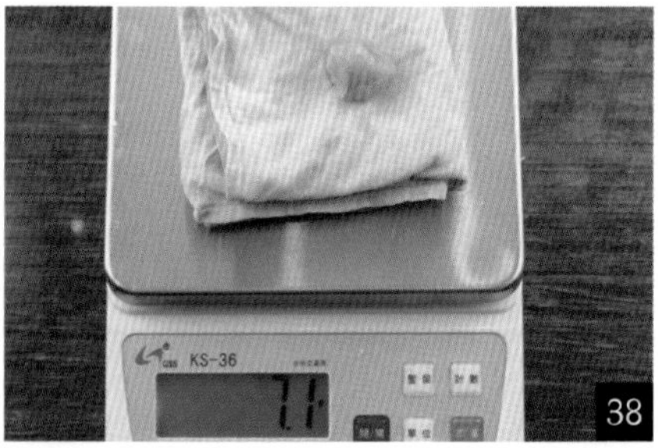

38

42

39

43 先用掌心壓扁。

44 再用食指和拇指將邊緣稍微拉長。

45 用掌根按壓拉長。

46 先放上粉色麻糬。

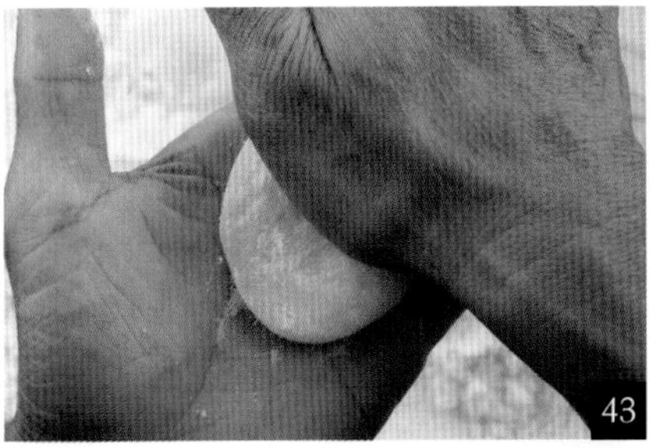
43

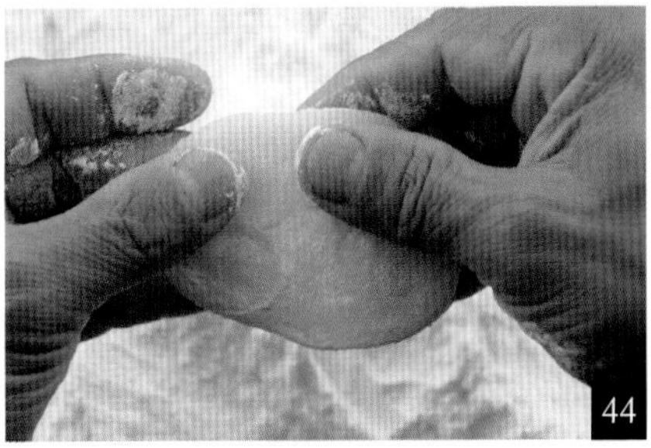
44

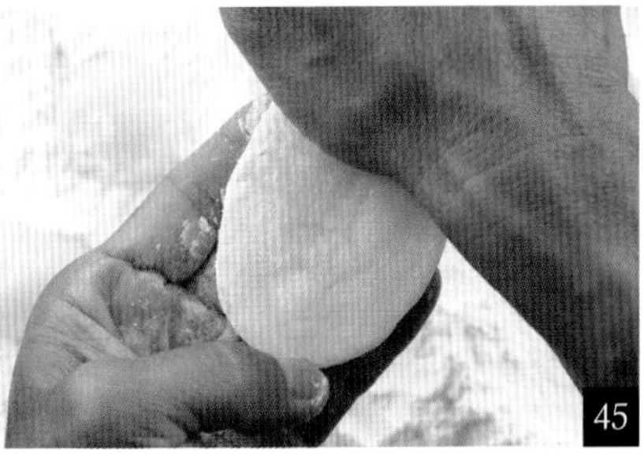
45

45

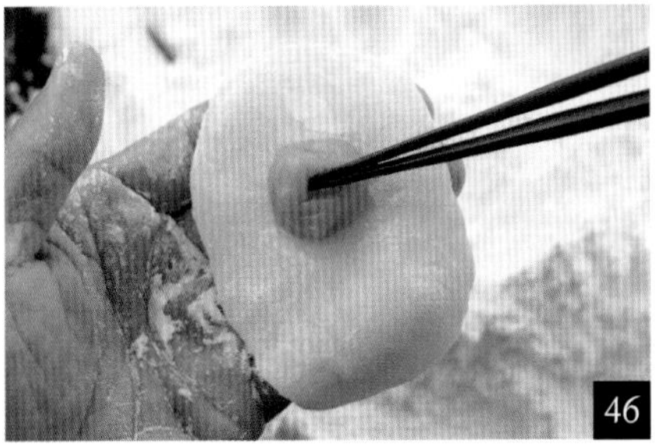
46

47 煮牛蒡放在粉色餅皮下方。
48 放上味噌豆沙餡，蓋住粉色餅皮。
49 將白色餅皮對摺。
50 用掌根稍微按壓一下，讓粉色餅皮隱約透出。
51 用軟毛刷去除多餘的粉即完成。

50

47

51

48

49

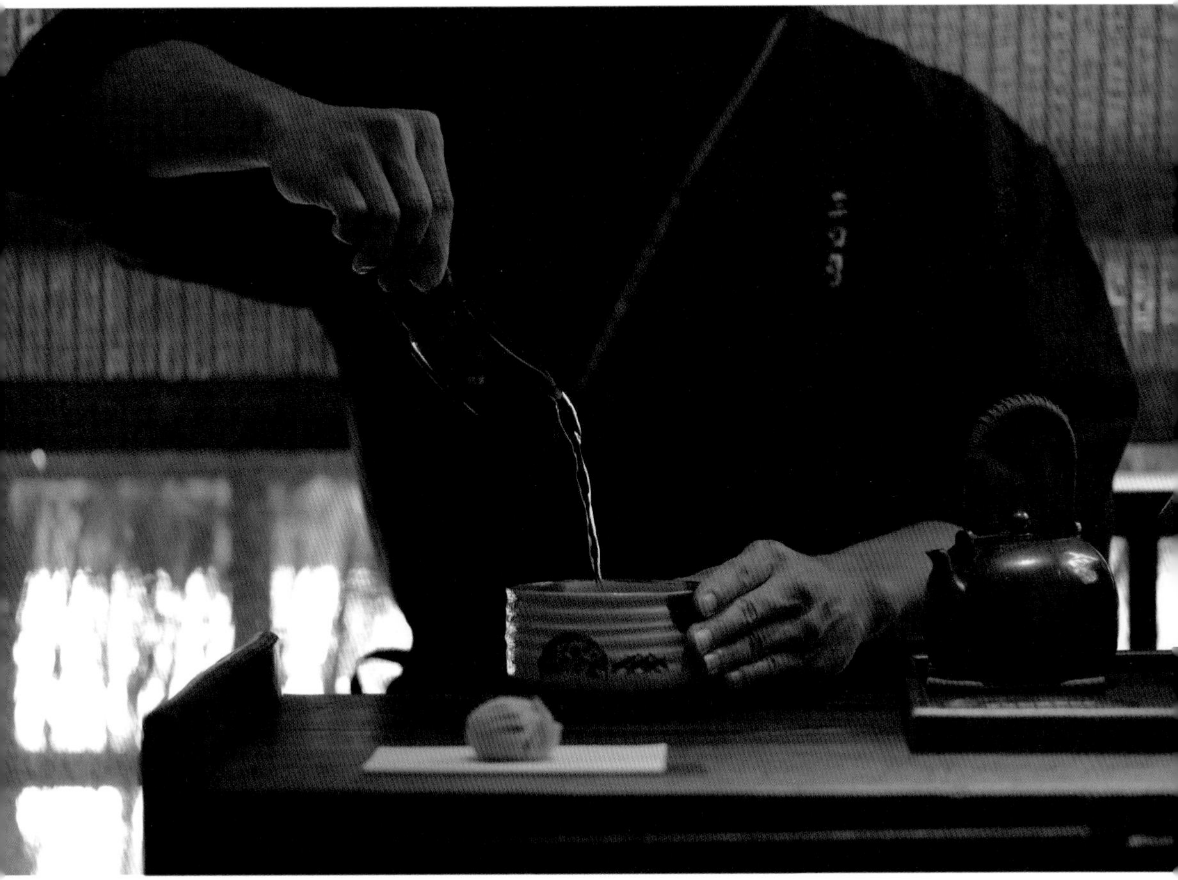

織部饅頭——上用饅頭

おりべまんじゅう

織部饅頭源自於日本知名陶器織部燒的配色，織部燒特色在於大面積銅綠釉搭配咖啡色線條，整體以純白表現雪地、綠色表現即將到來的春天，這款上用饅頭也常出現在茶道初釜練習之中。

製作

◆材料

【外皮（12個，單個12g）】

大和芋⋯35g

上白糖⋯65g

上用粉⋯50g

綠色食用色素

【內餡（單個）】

紅豆餡⋯24g

◆工具

磨缽

磨泥器

大碗

有高度的容器（裝粉類用）

電子秤

刮刀

筷子

蒸鍋、蒸籠

棉布

刀子

小刷子

燒印（烙圖樣）

◆小知識

「織部」是源自日本桃山時代就生產的知名陶器「織部燒」，織部饅頭以純白色象徵雪地，綠色象徵即將到來的春天，搭配咖啡色的炙燒效果，模仿織部燒的獨特釉色，在日本文化中有著深遠意涵。織部饅頭看似迷你包子，但食材與口感不同，包子是使用麵粉製成團，在發酵過程中會膨發；而上用饅頭使用粳米製成的上用粉，加上日本產大和芋，天然成分自然產生些微膨脹的效果。

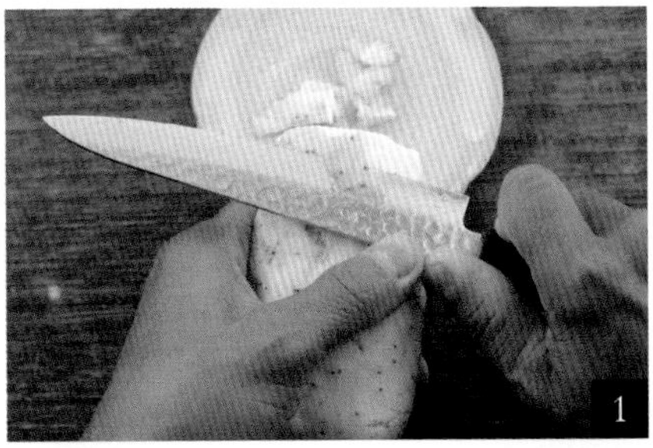

◆做法

1 洗淨大和芋，去皮。

2 準備研磨缽和電子秤。

3 磨35g到研磨缽中。

4 先倒一半量的上白糖。

5 攪拌打發，會慢慢膨脹。

6 倒入剩下的上白糖。
7 攪拌打發至膨脹，顏色變白。
8 準備較大的碗，倒入上用粉，再倒入打發的大和芋漿。
9 用手輕輕把大和芋漿翻摺，讓上用粉慢慢吸收到大和芋漿裡，盡量只摸粉，不摸到大和芋漿。
10 持續從邊緣輕輕翻摺，以維持大和芋漿的蓬鬆感。

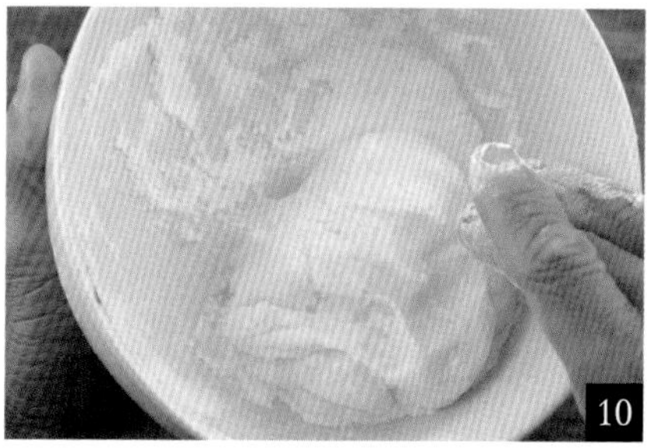

11 翻摺成團的樣子，碗裡的粉幾乎沒有剩粉。

12 準備上用粉當成手粉用，倒入有高度的容器中，放上做法11的粉團。

13 分割成每份12g。

14 用掌根壓扁粉團。

15 每份各放上24g紅豆粒餡，先稍微收口。

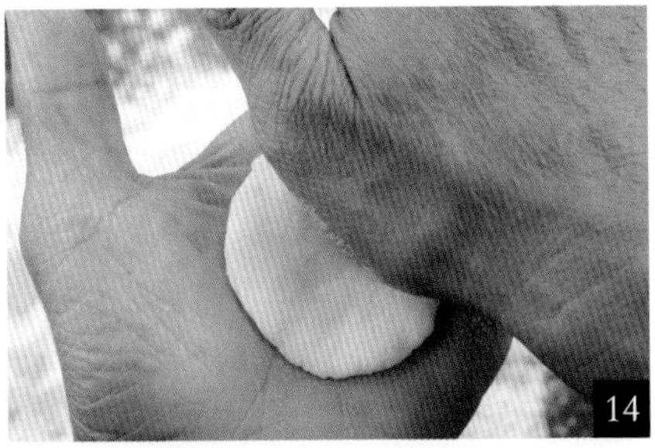
14

11

15

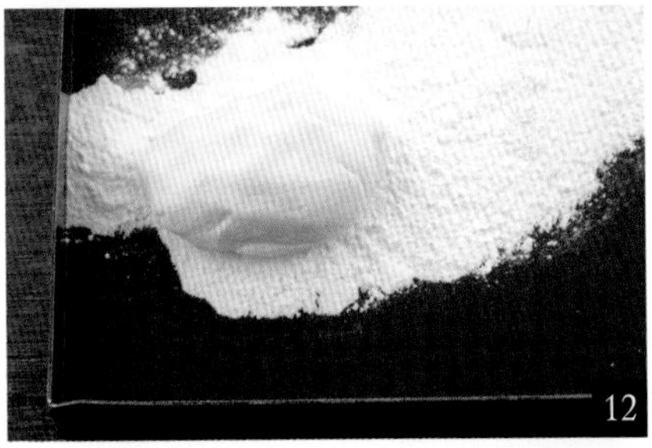
12

15

13

16 用食指和拇指向下捏合收口。

17 將粉團正面朝上，外皮需上圓厚、底部薄。

18 用雙手掌心搓圓，以上述方式約完成11個，預留一小部分染色用。

19 在蒸籠裡放烘焙紙，排入饅頭，每個留點空間。

20 準備綠色食用色素，滴在做法18預留的粉團上。

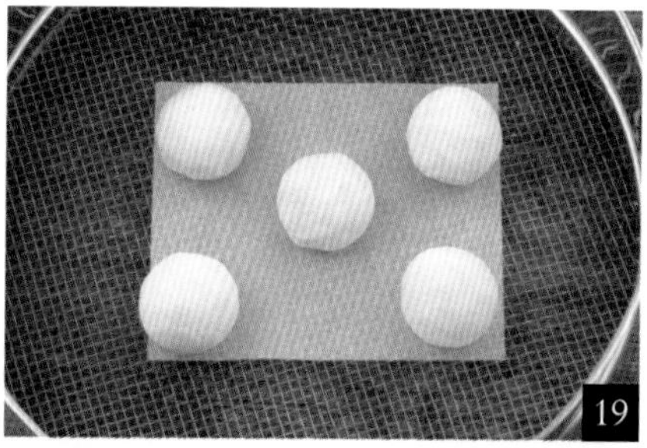
19

16

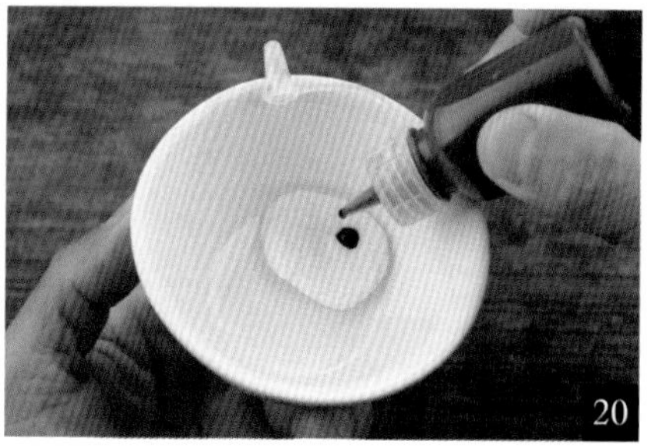
20

17

18

21 用小刷子分次滴水在粉團上。
22 用筷子不斷壓按粉團。
23 直到均勻上色為止。
24 用乾淨的小刷子沾取，塗在白色粉團上，完成11個。
25 放入蒸籠，以大火蒸6～8分鐘。

24

21

25

22

23

26 蒸好的樣子，底部能略略看到餡料顏色。

27 烙上井字即完成。

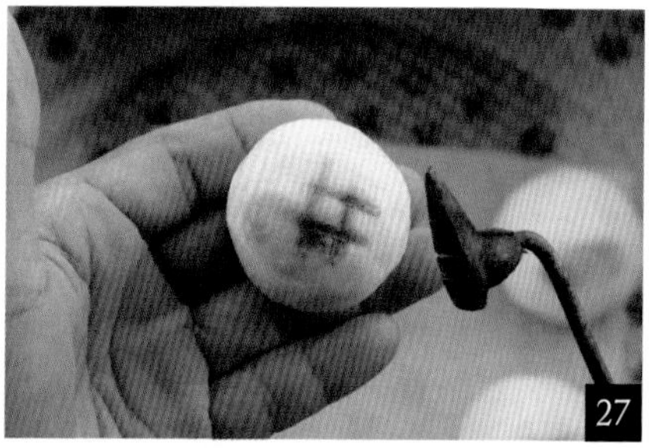
27

26

26

27

和菓子之心

酒饅頭

酒まんじゅう

酒饅頭屬於蒸菓子類別，
是外型樸拙簡單的和菓子，
由小麥粉、酒粕、清酒、糖製成發酵餅皮，搭配紅豆餡，
吃起來有著淡淡清酒香與酒粕的特殊氣味。

製作

◆材料

【外皮（單個12g）】
酒粕…22.5g
清酒…5g
大和芋…7.5g
上白糖…27.5g
油…1g
鹽…少許
低筋麵粉…40g
泡打粉…0.5g

【內餡（單個）】
紅豆餡…20g

◆工具

磨缽
不鏽鋼盆
大碗
電子秤
刮刀
筷子
蒸鍋、蒸籠
棉布
燒印（烙圖樣）

◆小知識

酒饅頭是以低筋麵粉、小蘇打粉、糖等材料製作而成，圓圓的外型、體積小巧，包入紅豆餡，再進行蒸製。其中的「酒」來自於酒粕，是釀造清酒所殘留的剩餘物，散發米類發酵的獨特香氣。酒饅頭不像練切、外郎等和菓子那樣吸睛，如何突破外觀的限制，是我投入心力的一大課題，以往設計過葫蘆形和多福女等外型。

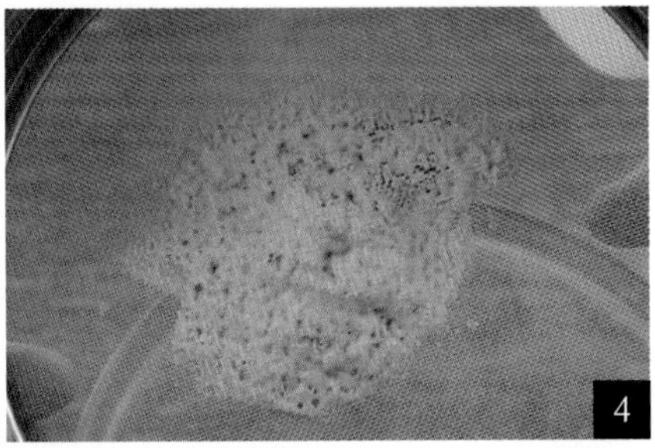

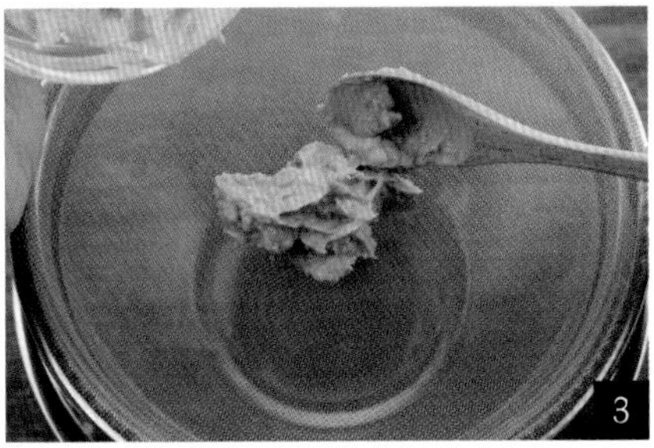

◆做法

1 在碗中放入酒粕。

2 倒入清酒，攪拌均勻。

3 用篩網和刮刀按壓過篩。

4 完成的樣子，備用。

5 洗淨大和芋後去皮，磨成泥，取7.5g。

6 在大和芋的碗中倒入上白糖。
7 研磨至上白糖融化。
8 加入鹽。
9 加入油，備用。
10 在另一個碗中倒入低筋麵粉、泡打粉，備用。
11 攪拌均勻。

9

6

10

7

11

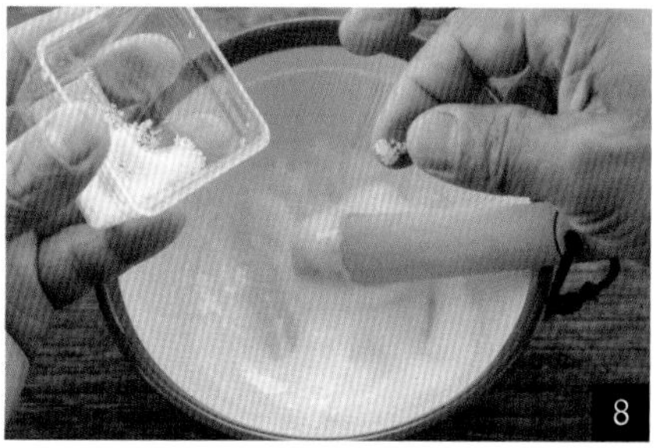
8

12 用刮刀取下做法4的酒粕。

13 將酒粕倒入做法9的大和芋漿裡。

14 用磨杵磨勻。

15 倒入做法10的粉料碗中。

16 攪拌均勻。

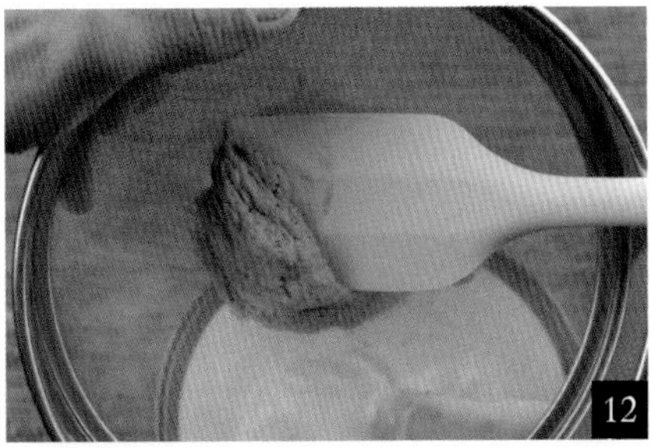
12

13

14

15

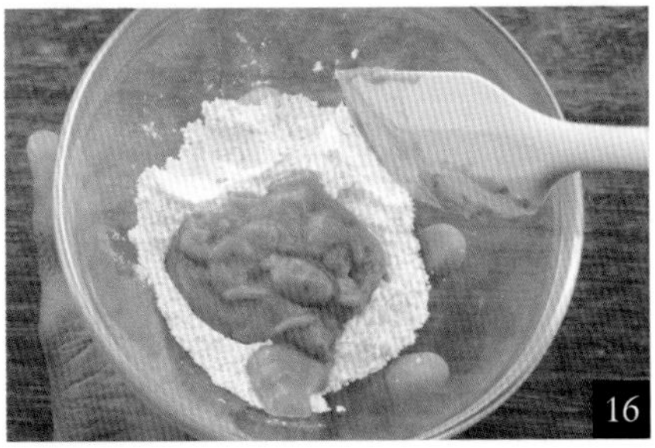
16

16

17 蓋上棉布，靜置30分鐘等待膨脹，備用。

18 手沾點片栗粉或玉米粉，將做法17分割成每個12g。

19 用掌根壓扁。

20 用食指和拇指把邊緣延伸，讓邊緣薄、中間稍微厚一點，一邊轉動，整個外皮需上圓厚、底部薄。

21 放上紅豆沙餡20g。

22 左手轉動，右手按壓紅豆沙餡捏合收口。

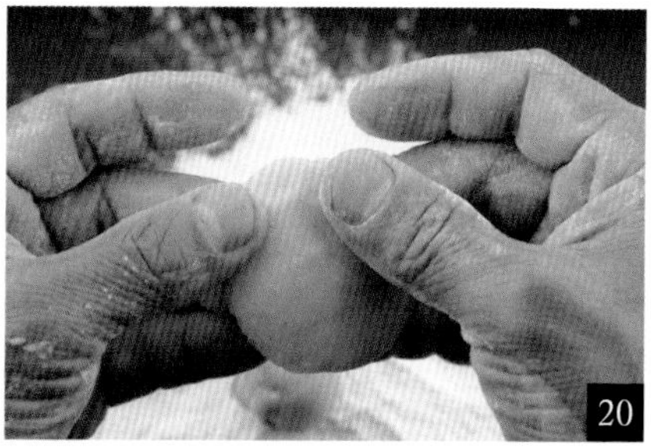
20

17

21

18

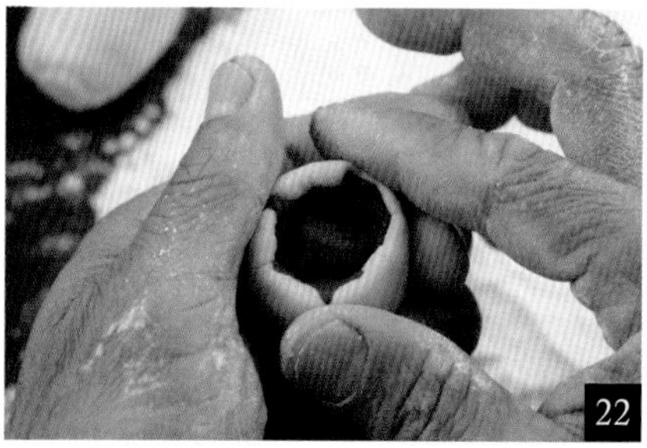
22

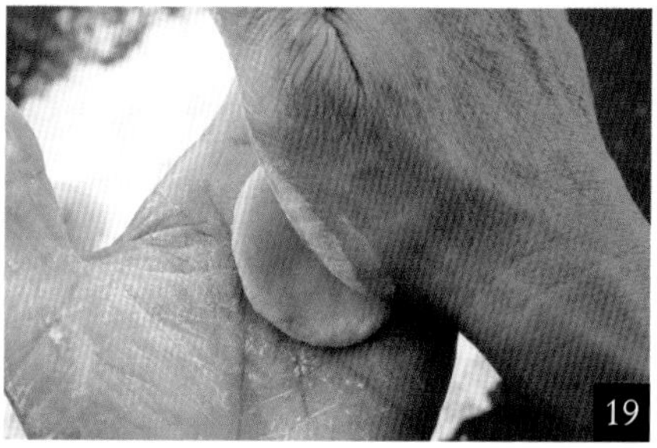
19

23 轉到正面，用掌心搓圓，以上述方式完成6個。

24 在蒸籠裡放烘焙紙和饅頭，以大火蒸4～6分鐘。

25 蒸好的樣子，底部比較薄，能略略看到餡料顏色。

26 烙上圖紋（亦可改成自己喜愛的圖案）。

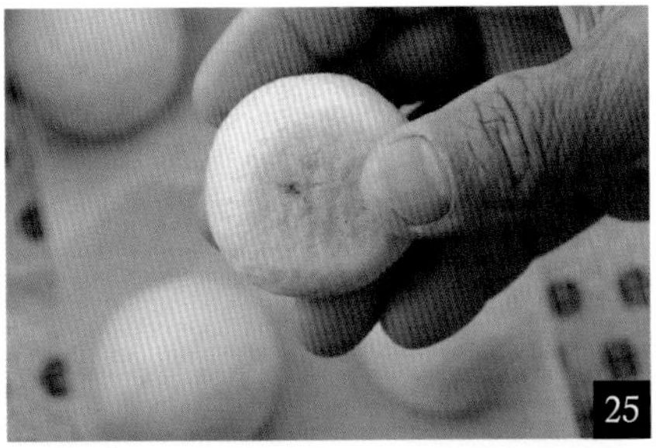
25

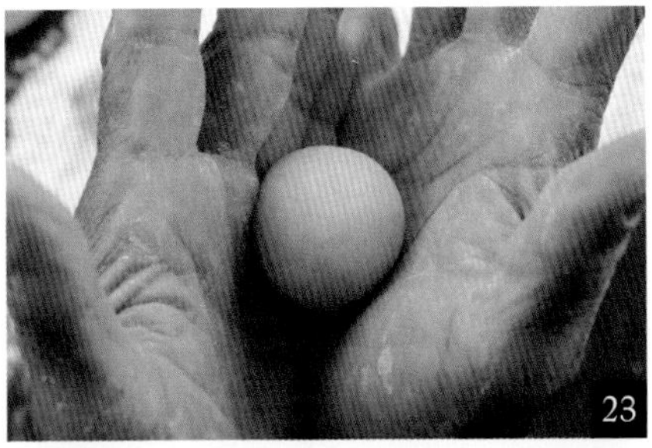
23

26

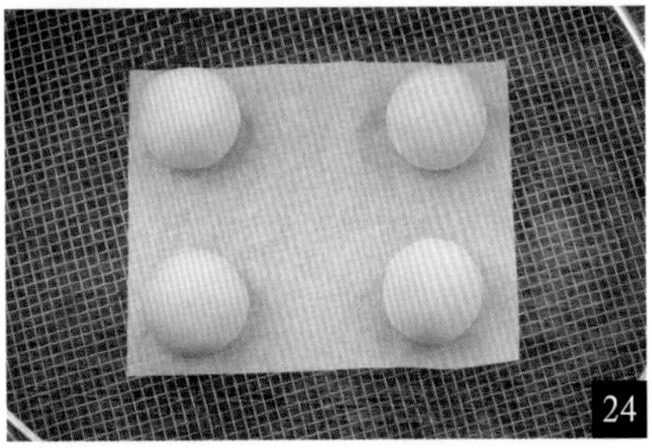
24

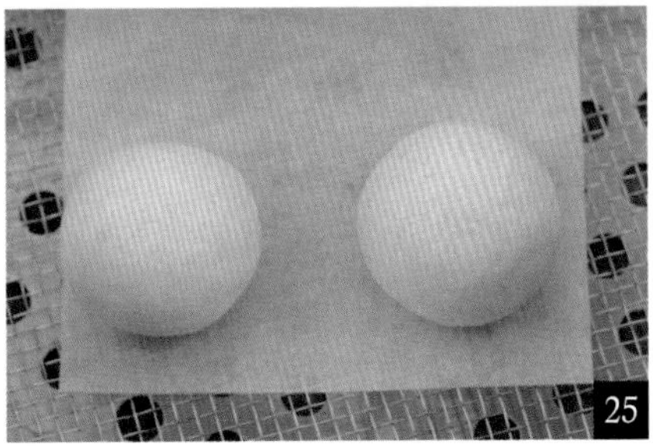
25

和菓子之心

黃身時雨

きみしぐれ

黃身時雨表面的裂痕是它的特色，
代表雨水落在大地所產生的水徑，
經由不同顏色的設計，風雅展現不同的季節感，
由蛋黃、上新粉、白豆沙餡、糖製成綿密細緻、入口即化之口感，
也是日本茶道經常使用的和菓子。

製作

◆材料

【外皮(單個23g,4個)】
白豆沙…130g
蛋黃…1顆(土雞蛋)
上新粉…3.5g
泡打粉…0.7g
綠色食用色素

【內餡(單個)】
白豆沙餡…12g

◆工具

銅鍋
不鏽鋼盆
50目篩網
大碗
電子秤
刮刀
蒸鍋、蒸籠
棉布

◆小技巧

製作黃身時雨時的炒餡動作很重要,加入蛋黃炒製後,需要炒到不黏手,但也不能太乾。如果太乾,可於做法5至6加少許水(慢慢加)。泡打粉請使用書中品牌,若選用其他品牌,請嘗試微調比例,以免蒸的過程裂不開或裂縫太大。此外,雞蛋可選擇土雞蛋,蛋黃比較紅的那種,做出來的顏色會更好看。

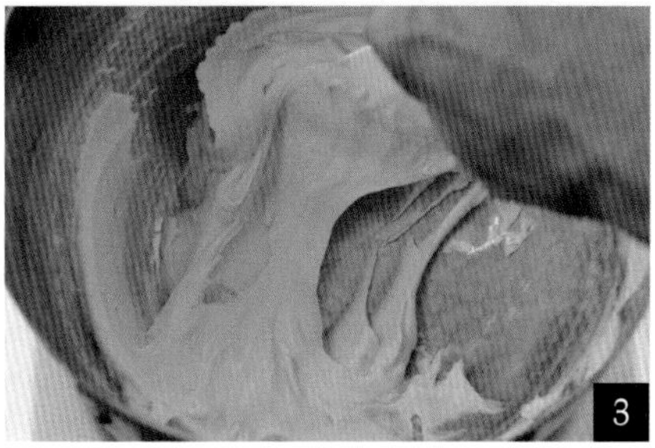

◆做法

1　準備銅鍋，放入白豆沙切散(請參考第一章「白豆沙做法」)，以小火炒餡。

2　倒入蛋黃。

3　將白豆沙鏟起，順時針不停刮鍋底及鍋邊，留意別炒焦，炒至用手拿起時不會黏手的程度。

4　將炒好的白豆沙分成四份。

5 準備50目篩網，用飯匙按壓白豆沙，若太乾不好篩，可以慢慢加少許水調整稠度。

6 直到細緻的程度。

7 倒入泡打粉。

8 倒入上新粉。

9 拌合均勻。

10 壓按成團。

8

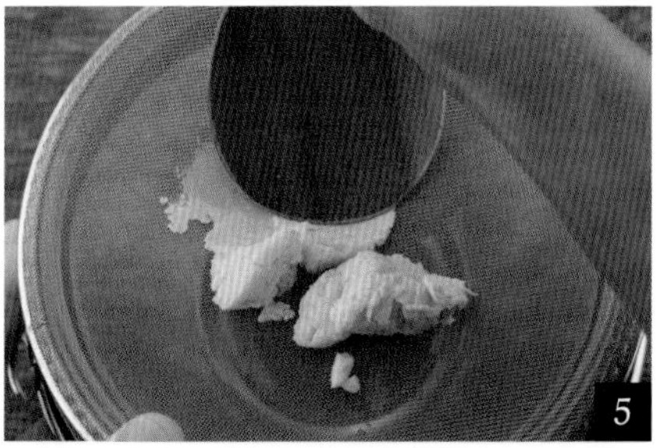
5

9

6

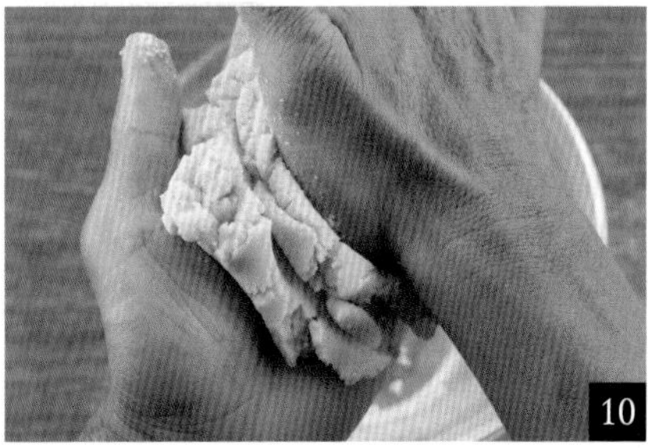
10

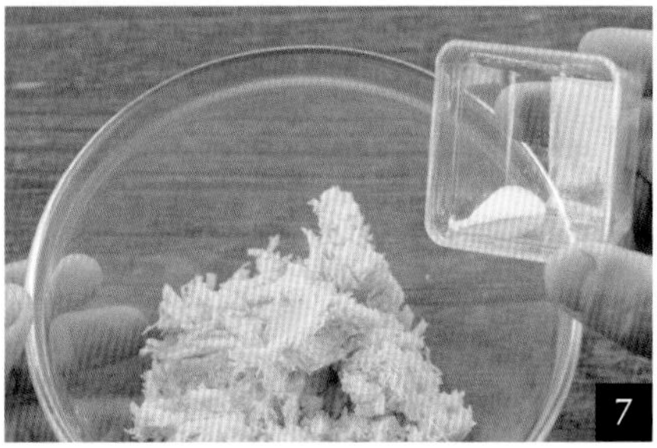
7

11 取一小塊染色，加入綠色食用色素。
12 用掌根按壓粉團。
13 直到變成均勻的綠色。
14 黃色粉團取20g。
15 綠色粉團取3g。

14

15

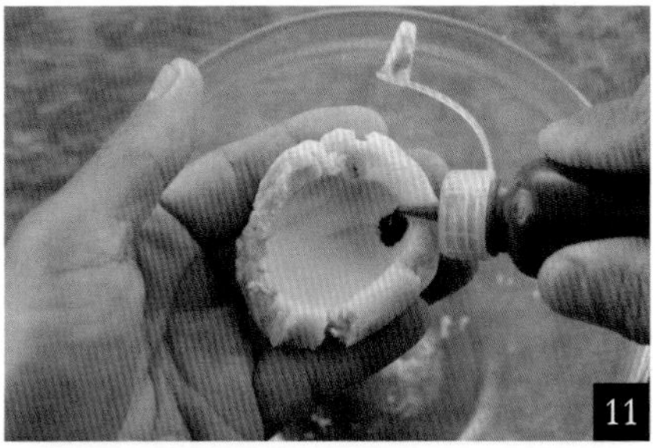
11

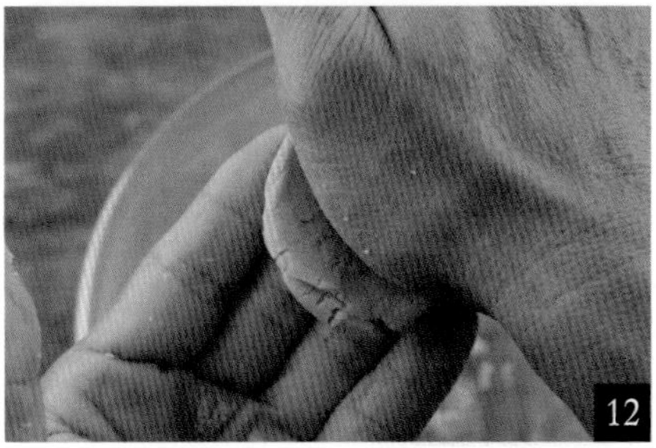
12

13

16 準備白豆沙餡12g，共四個。
17 用掌根將黃色粉團壓扁。
18 放入綠色粉團，也壓扁。
19 放入白豆沙餡壓一下。

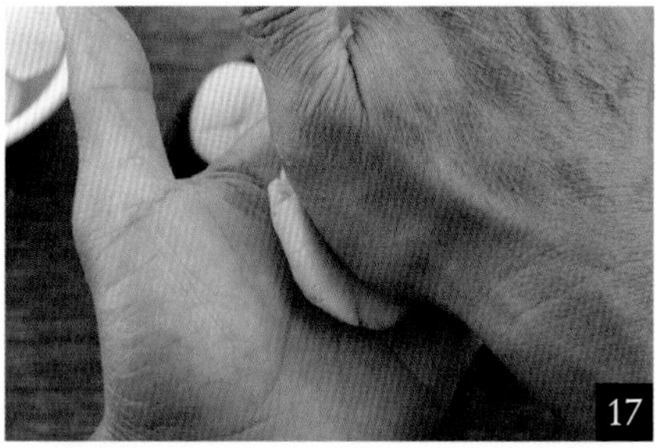

20 左手轉動，右手按壓白豆沙餡，捏合收口。
21 用雙手掌心和掌根將粉團塑成圓形。
22 在蒸籠裡放烘焙紙，排入饅頭，以大火蒸5分鐘。
23 饅頭表面要有明顯且漂亮的裂紋，才算成功。

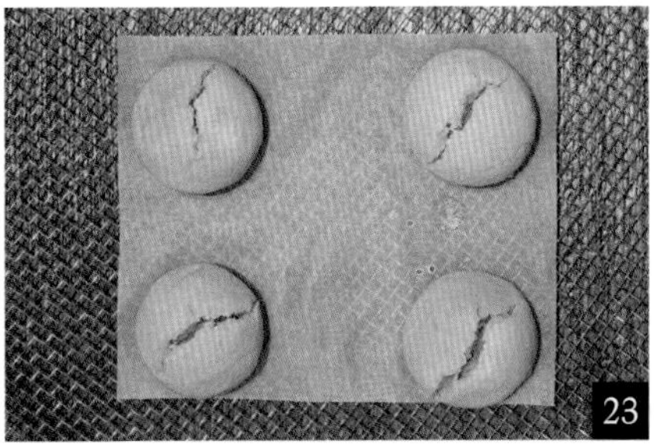
23

20

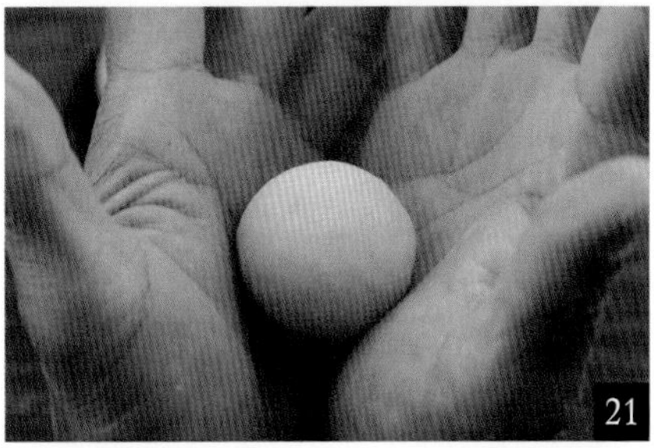
21

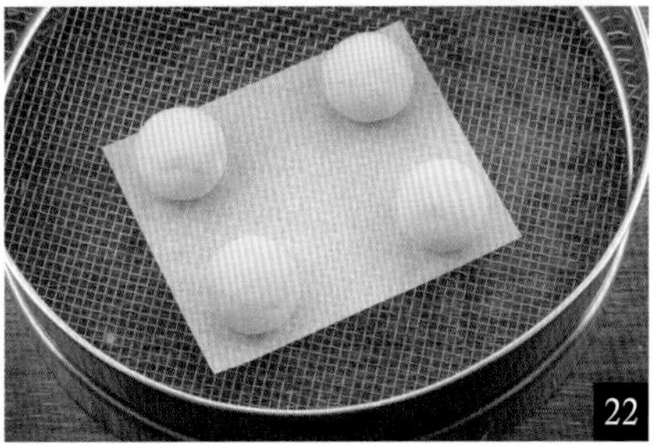
22

和菓子之心

金鍔燒
きんつばやき

鍔在日文中是指刀鍔，即武士刀手把與刀刃之間的金屬刀擋，
金鍔燒一開始是做成圓形，形狀、大小如同武士刀的刀鍔。
本來稱為銀鍔燒，但後人覺得金比銀更有質感，
名字才被改成金鍔燒，形狀也從圓形變成了方形，
金鍔燒的紅豆羊羹與餅皮比例的調配、燒烤火候的控制都大有學問。

製作

◆材料

【外皮】

白玉粉…15g

上白糖…30g

水…200g

蛋白…30g

低筋麵粉…140g

【紅豆羊羹（豆腐模具一板）】

上白糖…50g

ZR粉寒天…7g

水麥芽…5g

鹽…少許

紅豆粒餡…450g

蜜紅豆…100g

水…200g

油…適量

◆工具

銅鍋

打蛋器

電子秤

刮刀

刀子

剪刀

長尺

平底鍋

豆腐模具一板

棉布

砧板

燒印（烙圖樣）

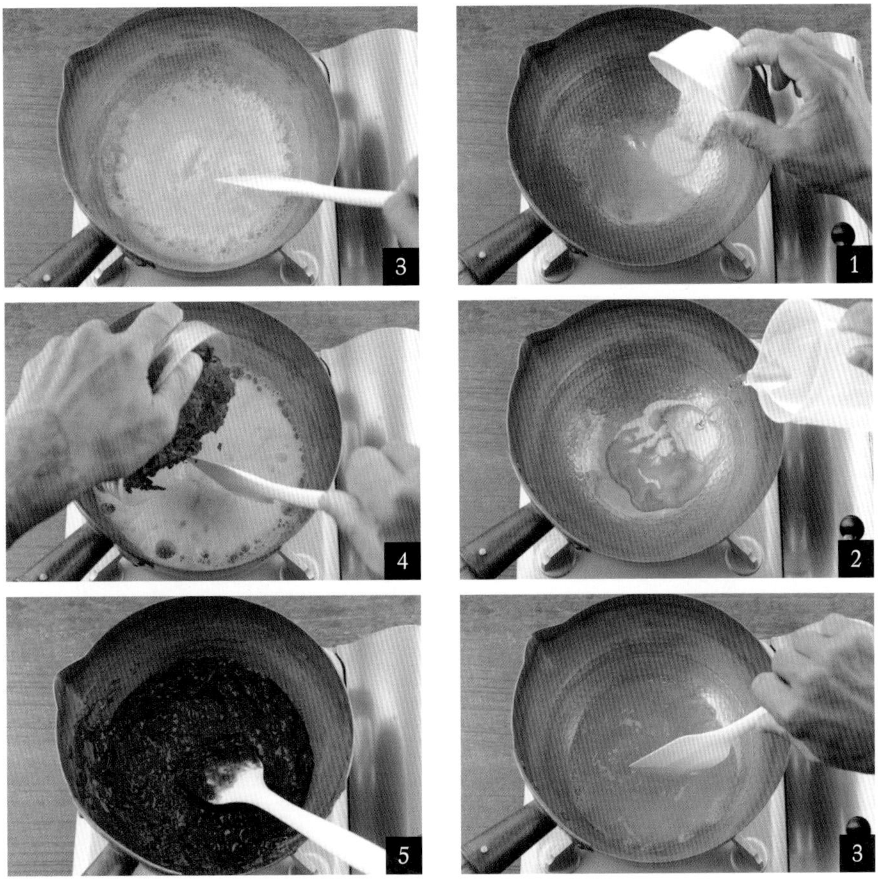

◆做法

1　在銅鍋中倒入ZR粉寒天。

2　倒入水。

3　攪拌均勻，再開中小火煮至沸滾。

4　煮至沸滾後加入紅豆粒餡。

5　將紅豆粒餡攪散開來。

6 煮滾後倒入蜜紅豆。

7 準備上白糖、水麥芽和鹽，先倒上白糖。

8 倒入水麥芽和鹽。

9 以大火煮，將紅豆粒餡鏟起，不停刮鍋底及鍋邊，留意別炒焦。

10 將炒好的紅豆粒餡入模。

11 用刮刀抹平表面。

12 提起模具落下，敲掉空氣，冷卻後放冰箱冷藏一晚。

13 在碗中倒入上白糖、蛋白。

14 攪拌均勻，備用。

15 在另一個碗中倒入低筋麵粉。

16 倒入白玉粉，攪拌均勻。

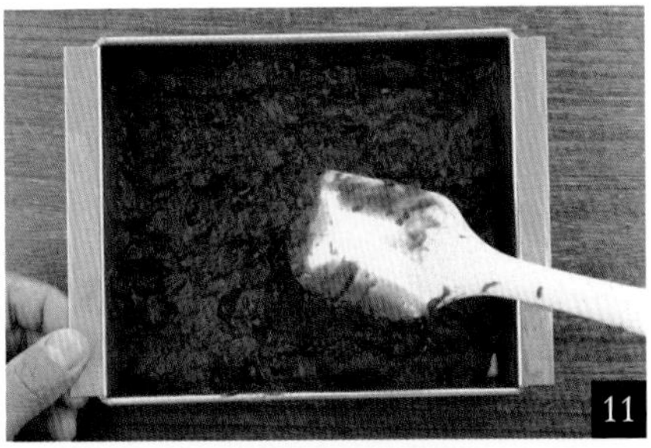
11

12

13

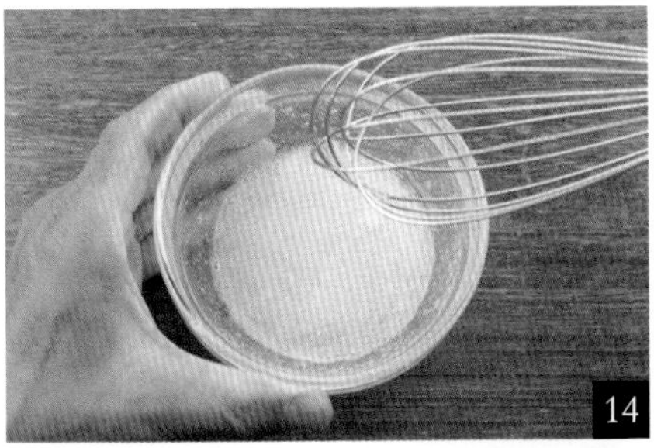
14

15

16

17 倒入水，攪拌均勻。
18 倒入做法14的液體材料拌勻成無泡泡的麵糊，備用。
19 將定型的紅豆羊羹脫模。
20 切成四塊，每塊4.5cm。
21 轉方向，對半切成7.5cm。

19

17

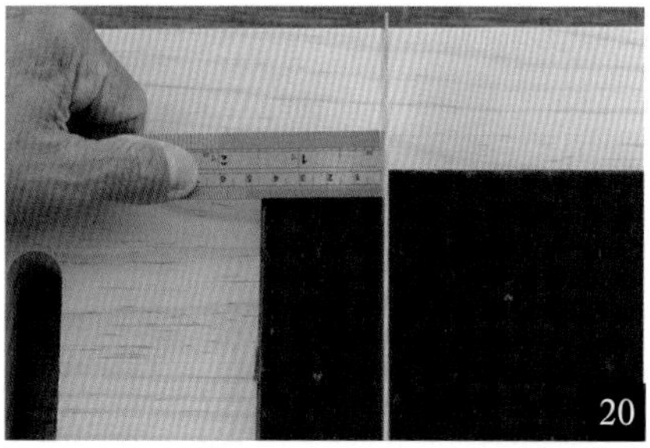
20

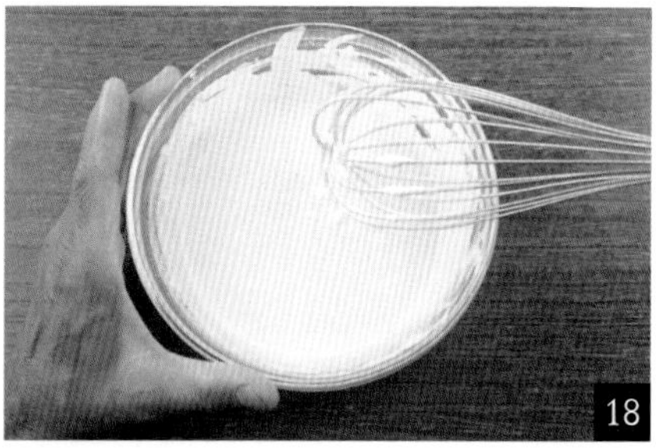
18

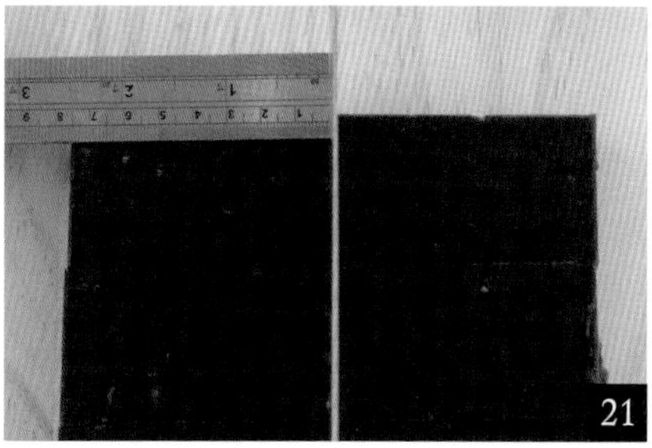
21

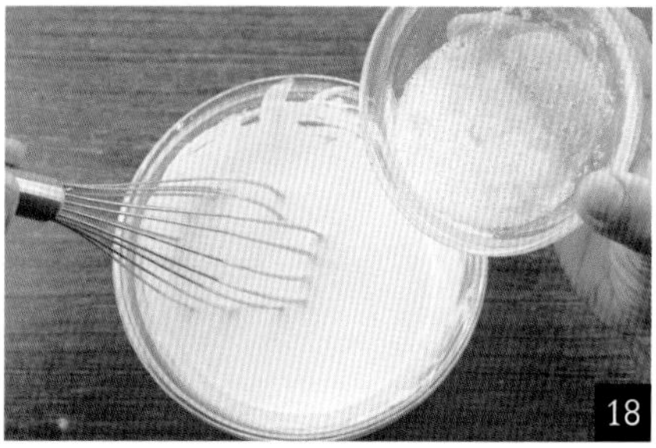
18

22 再切成3.75cm，共十六小塊。

23 準備平底鍋，在鍋面薄塗上油。

24 將切好的紅豆羊羹的每個面都沾上麵糊。

25 煎每一面至定型，外皮變成微褐色。

25

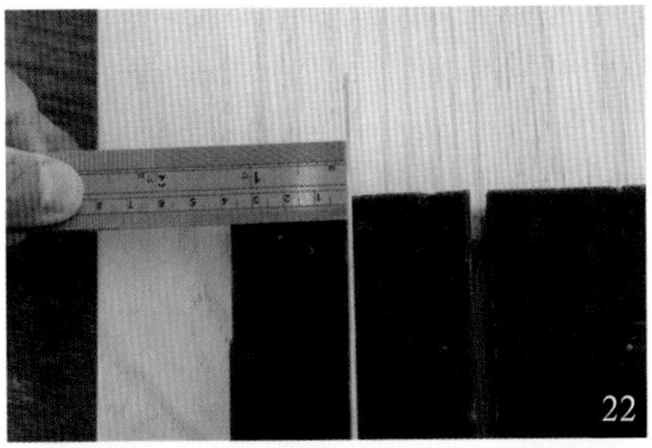
22

25

23

24

26 用剪刀修整多餘的部分。

27 每煎四個面，就修剪一次。

28 烙上圖紋即完成。

28

26

27

27

和菓子之心

雲平
うんぺい

雲平是很傳統的干菓子，
運用米粉類食材本身的黏稠質地，
擀出薄片表現栩栩如生的工藝菓子；
可以創作出四季景象，如秋天落葉或鳥類羽毛的質感。

製作

◆材料

上白糖…25g
糖粉…25g
寒梅粉…7g
熱水…5g
橘色、紅色、黃色食用色素

◆工具

大碗
有高度的容器（裝粉類材料）
烘焙紙
保膜膜
擀麵棍
刀子
針箸
葉形模具
軟毛刷

◆小技巧

雲平的主要原料為水、糖和寒梅粉，具備優異的延展性，可做出花瓣、葉片等細薄片狀。我習慣將市售模具做加工，用尖嘴鉗塑形，視覺效果會更為生動。除此之外，葉片上的漸層色彩必須自然呈現，讓顏色融合。雲平入口時帶有薄脆口感，輕輕咬開後即慢慢融化，隨後品嚐抹茶，茶香因而溫潤起來，並且能感受到雲平特殊而細膩的質地。

◆做法

1 在碗中倒入上白糖。

2 倒入寒梅粉。

3 倒入熱水。

4 用手指抓捏成粉團。

5 揉成圓形。

6 蓋上保鮮膜防乾燥，備用。

7 準備有高度的器皿，倒入糖粉，用手做出高低不一的樣子，備用。

8 取做法4的粉團，依總重量均分成五份。

9 滴兩滴綠色食用色素，揉勻後再視狀況添加色素。

10 以食指和拇指讓色素均勻分布上色成綠色粉團，備用。

11 滴兩滴紅趜紅食用色素，揉勻後再視狀況添加色素。

12 以食指和拇指讓色素均勻分布上色，備用。

10

7

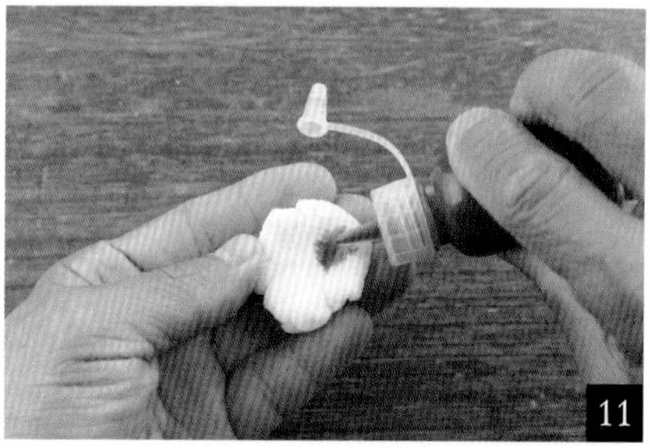
11

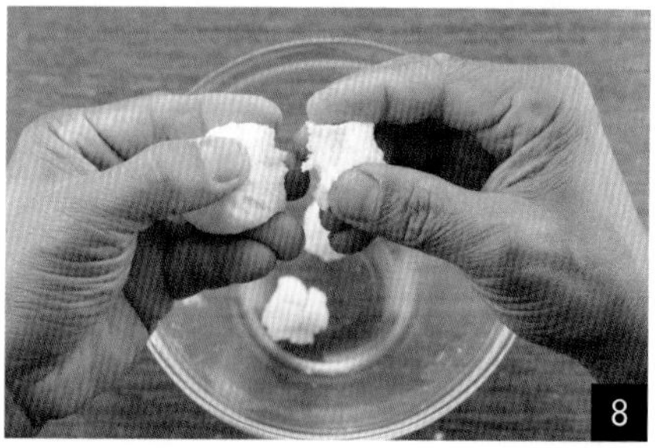
8

12

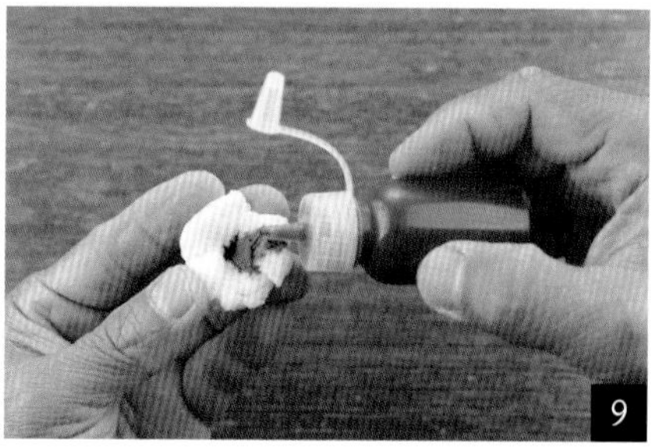
9

13 依上述方式，做一個橘色粉團，顏色由黃色逐漸調成橘色，留意不要一次滴太多滴色素。

14 若將紅色加上綠色，就是淺褐色粉團。

15 以食指和拇指讓色素均勻分布上色。

16 一共完成五種顏色，黃色、紅色、褐色、綠色，另外還有白色。

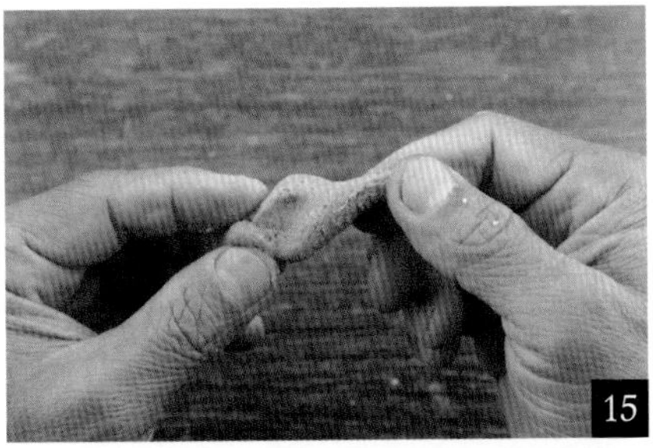
15

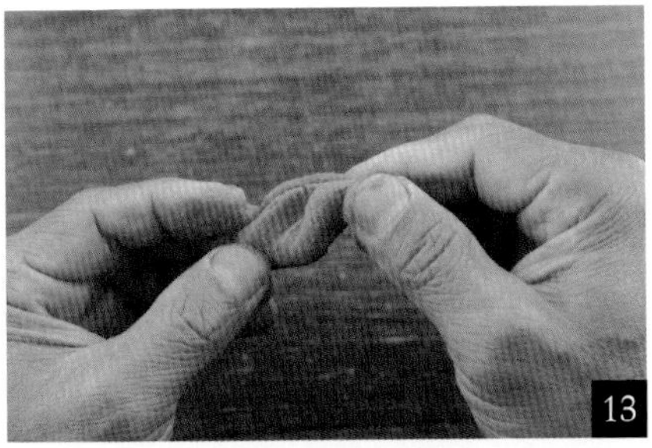
13

16

14

14

17 準備兩張烘焙紙。

18 取紅色粉團搓成約3公分長條。

19 把黃色粉團也搓成3公分長條，接在一起。

20 蓋上烘焙紙，用擀麵棍擀壓。

21 使黃紅粉團變長。

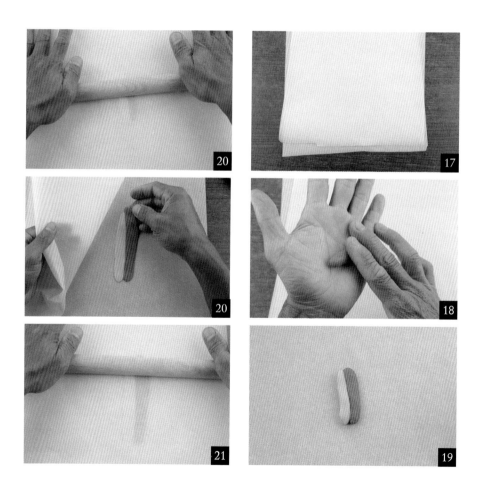

17

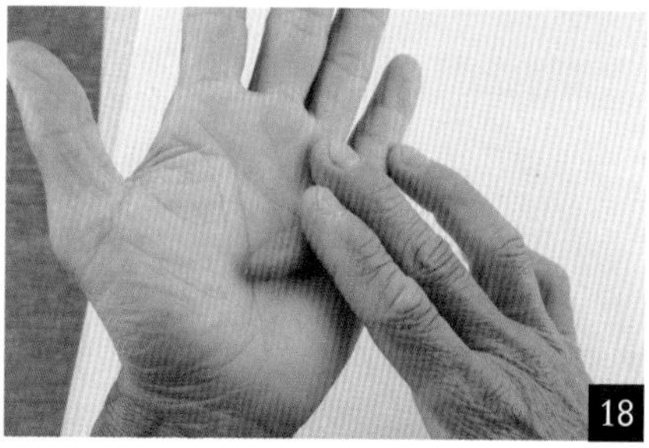
18

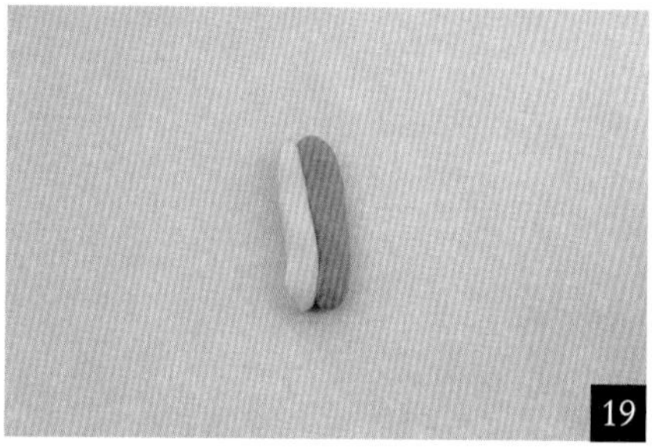
19

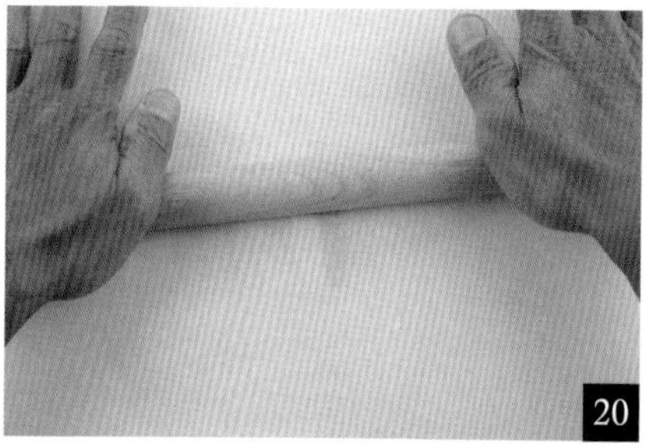
20

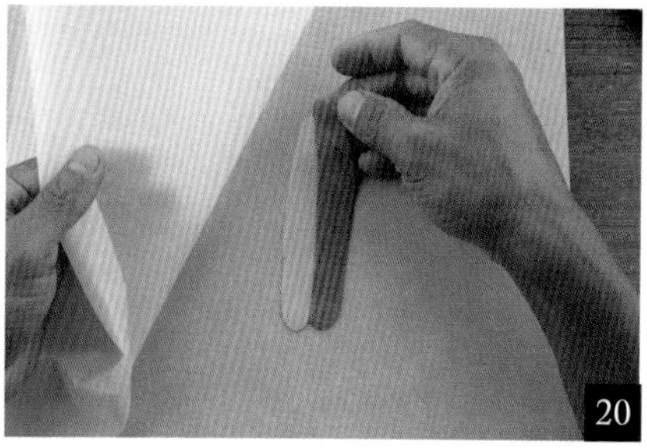
20

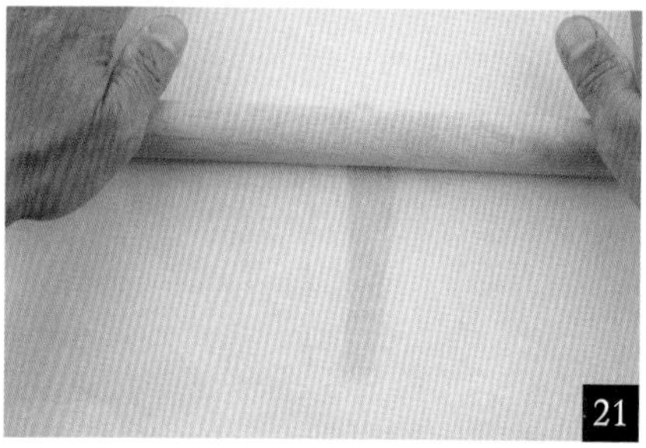
21

22 將片狀粉團對摺。
23 稍微拉長粉團。
24 再次擀平。
25 直到黃紅粉團出現相連的漸層。
26 用模型小心壓出楓葉形狀。（建議用不同大小的模型壓出楓葉。）

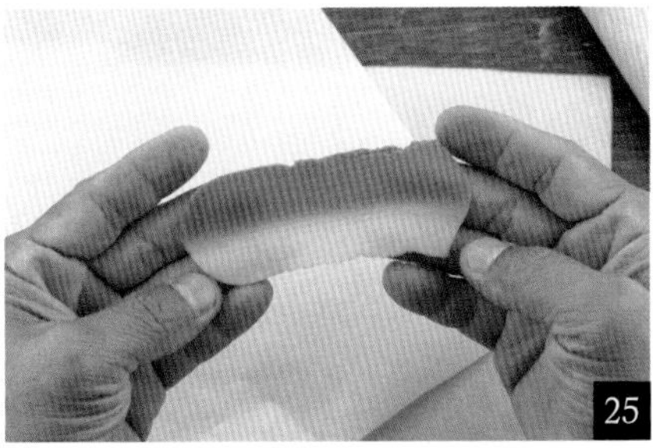

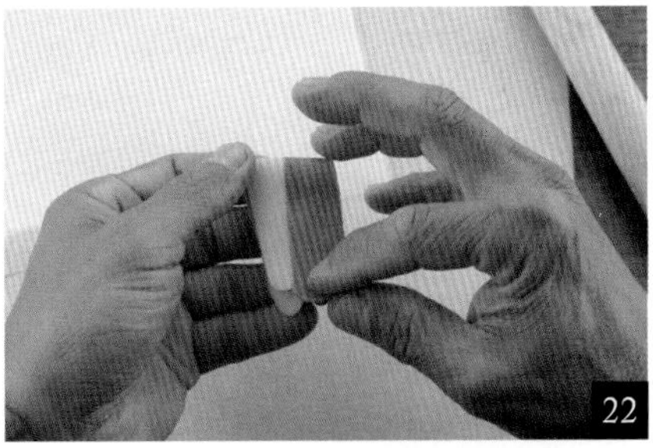

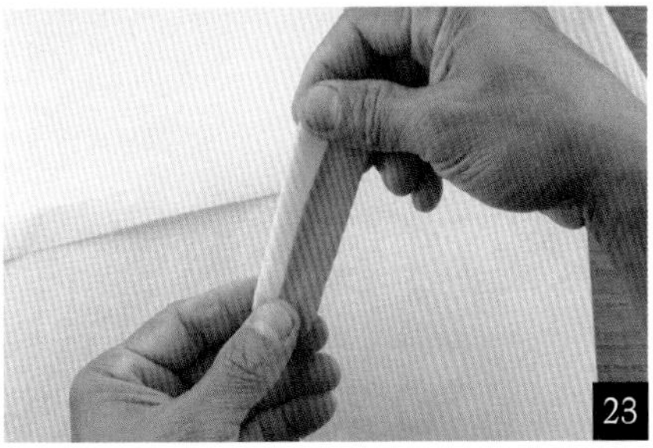

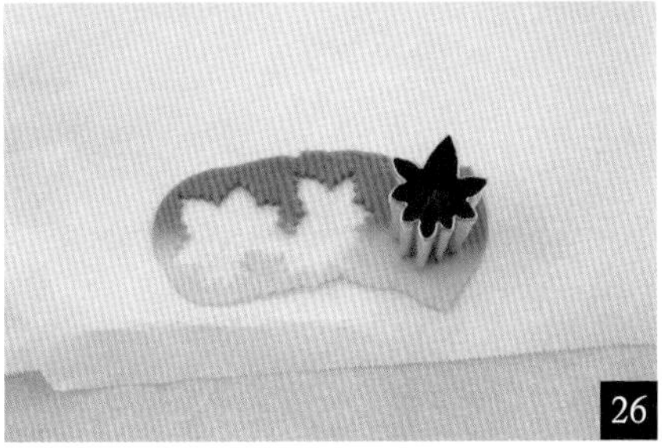

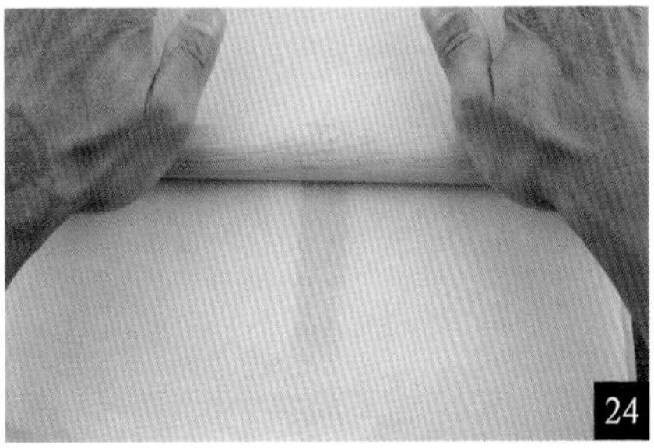

27 用針箸先壓出一條直線。
28 在左右側各壓出斜線。
29 用食指和拇指幫葉片做出彎度。
30 放在做法7的糖粉上待乾定形。

30

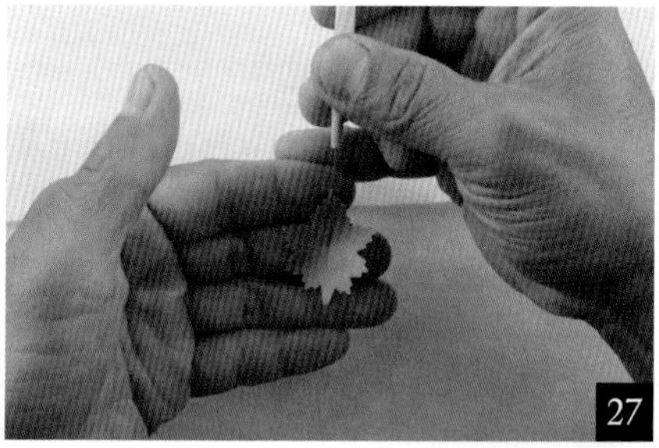
27

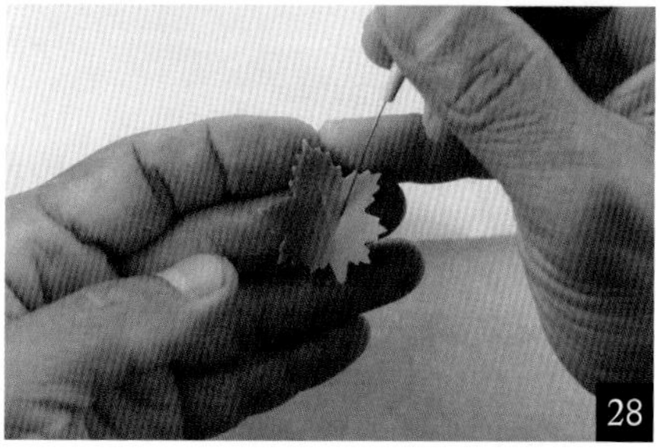
28

29

31 如果想製作銀杏葉，可選用黃色加上白色粉團。

32 蓋上烘焙紙，用擀麵棍擀壓，使黃白粉團變長，接著對摺，拉長粉團後再次擀平，直到出現相連的漸層後，用銀杏模具壓出形狀。

33 接著做松針，取一點點褐色、綠色粉團疊在一起，擀平成相連的漸層，切掉不平整的邊緣。

34 切下一條，綠色部分切成兩條，褐色部分不斷開。

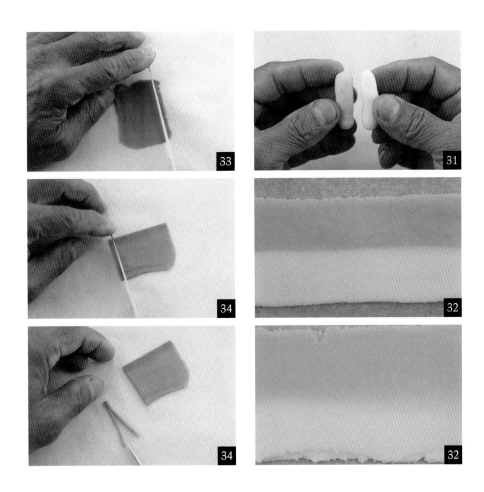

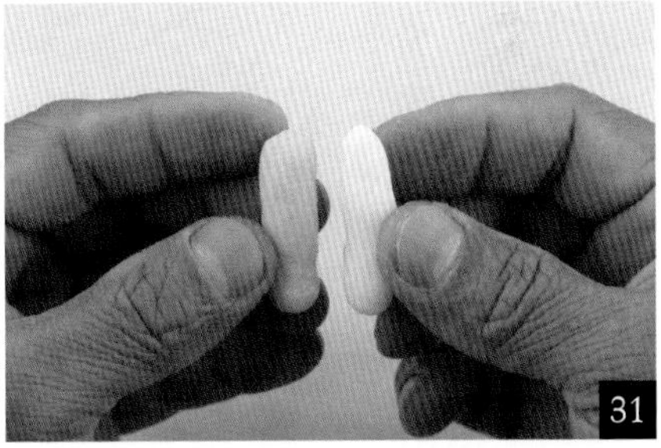
31

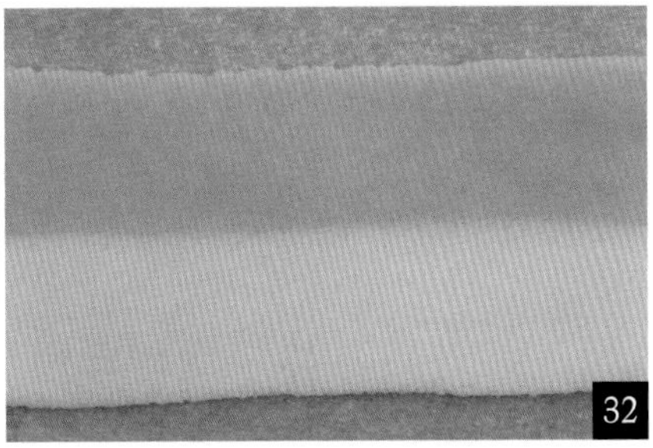
32

32

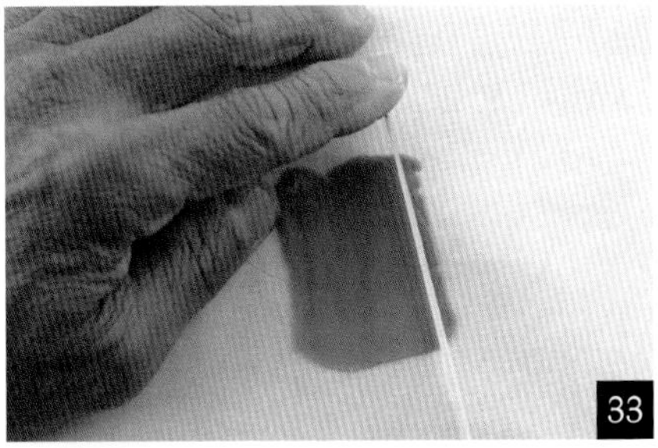
33

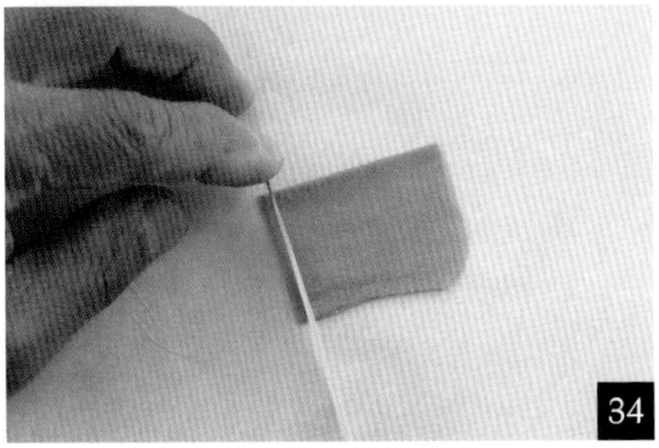
34

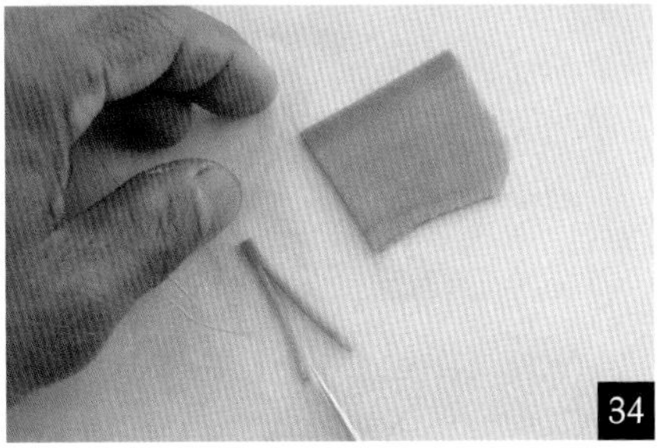
34

35 用刀子稍微斜切綠色尾端，做出尖尖的松針造型。
36 一條做直，一條做微彎，表現出松針的立體感。
37 將全部楓葉都略做出彎度塑形，放在糖粉上待乾定型。
（糖粉需有高低、有厚度，才有支撐力能定型）
38 用軟毛刷輕輕刷上糖粉，能避免粉團乾裂。

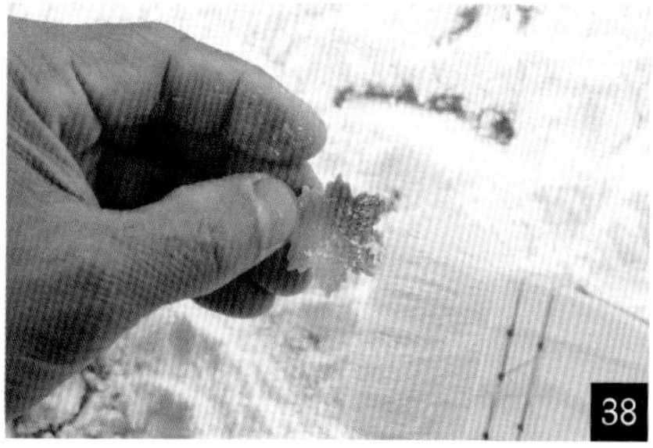
38

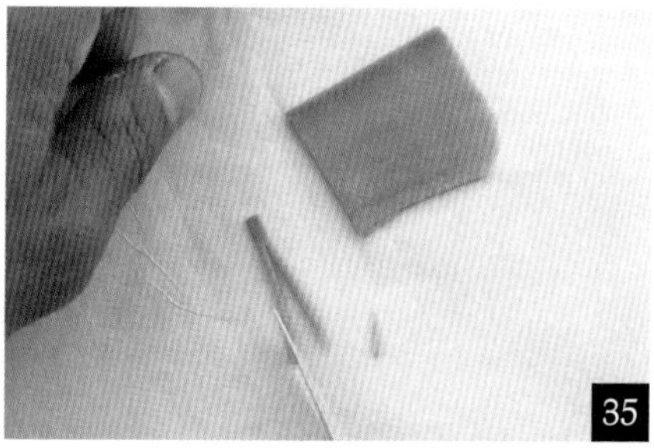
35

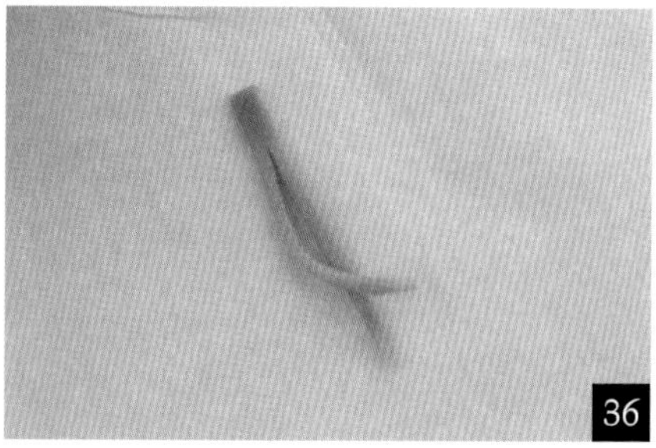
36

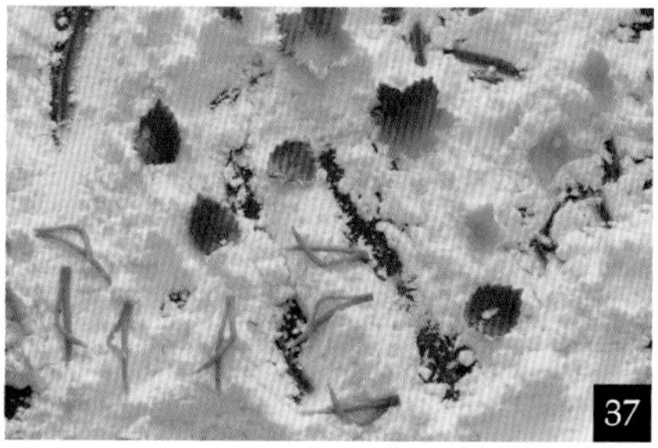
37

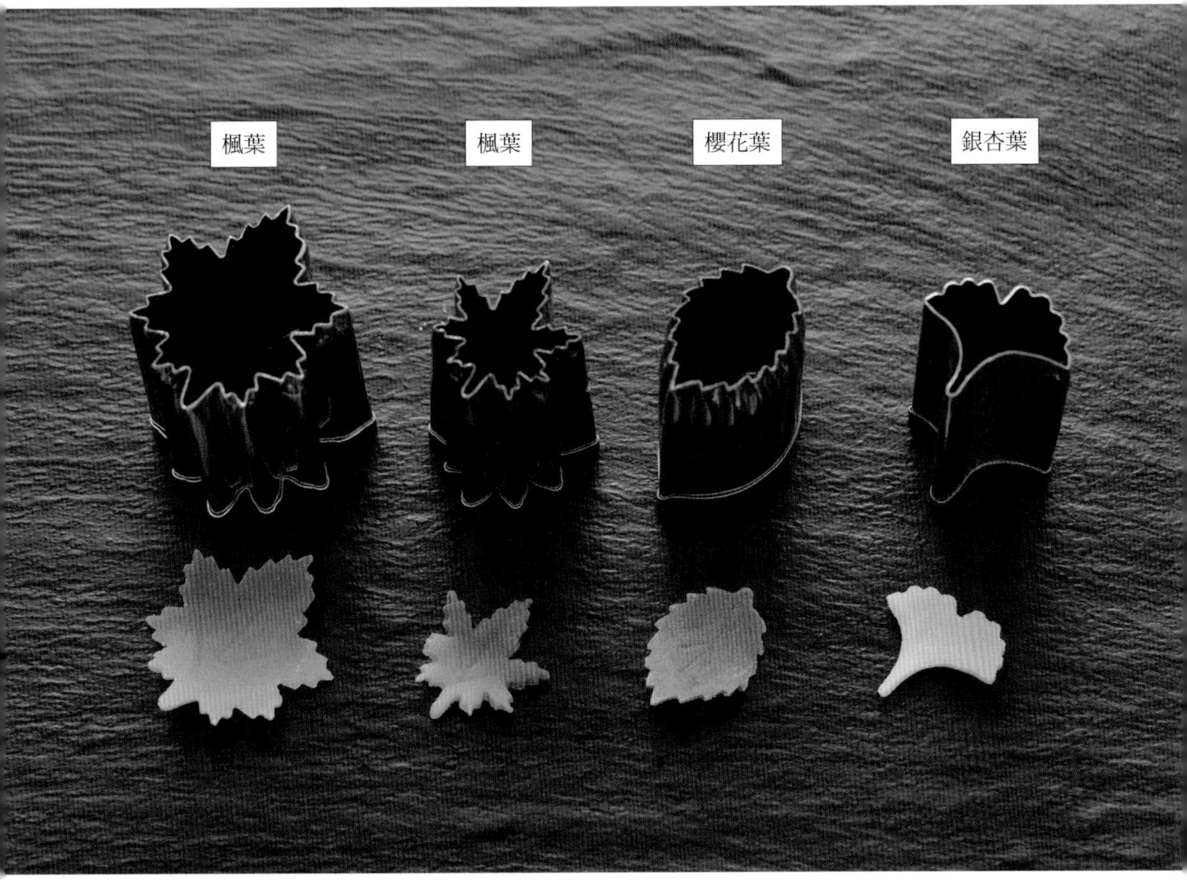

最左邊的楓葉模具是市售品原本的形狀，它旁邊的楓葉則是用尖嘴鉗加工後的樣子，葉片更加有角度。

和菓子之心

三日月茶空間的上生菓子與茶菓子技藝美學

作者　楊裕明（部分照片提供）
拍攝協力　蘇桓陞
特約攝影　王正毅
文字協力　蔡川惠
封面與內頁設計　TODAY STUDIO．黃新鈞
責任編輯　蕭歆儀

總編輯　林麗文
主編　蕭歆儀、賴秉薇、高佩琳、林宥彤
執行編輯　林靜莉
行銷總監　祝子慧
行銷企劃　林彥伶

出版　幸福文化出版社／遠足文化事業股份有限公司
地址　231新北市新店區民權路108-1號8樓
電話　（02）2218-1417
傳真　（02）2218-8057
發行　遠足文化事業股份有限公司（讀書共和國出版集團）
地址　231新北市新店區民權路108-2號9樓
電話　（02）2218-1417
傳真　（02）2218-1142
客服信箱　service@bookrep.com.tw
客服電話　0800-221-029
郵撥帳號　19504465
網址　www.bookrep.com.tw

法律顧問　華洋法律事務所 蘇文生律師
印製　凱林彩印股份有限公司

出版日期　西元2024年11月 初版一刷
定價　690元
書號　0HDB0028
ISBN　9786267532317
EPUB　9786267532454
PDF　9786267532447

特別聲明：有關本書中的言論內容，不代表本公司／出版集團的立場及意見，由作者自行承擔文責。

國家圖書館出版品預行編目（CIP）資料
和菓子之心：三日月茶空間的上生菓子與茶菓子技藝美學／楊裕明著. -- 初版. --
新北市：幸福文化出版社出版：遠足文化事業股份有限公司發行，2024.11
352面；17×23公分　ISBN 978-626-7532-31-7（平裝）　1.CST：點心食譜 2.CST：烹飪
427.16　113013994

WAGASHI